조립식 주택이
뭐 어때서?!

국립중앙도서관 출판시도서목록(CIP)

조립식주택이 뭐 어때서?! / 지은이: 황성관. -- 서울 :
주택문화사, 2013
    p. ;   cm

ISBN 978-89-6603-014-9 13590 : ₩16800

주택 건축[住宅建築]

617.81-KDC5
728.37-DDC21   CIP2013001475

초판 1쇄 발행 2013년 3월 21일
초판 4쇄 발행 2017년 12월 27일
지은이 황성관 **발행인** 이 심 **편집인** 임병기 **편집·교정** 이세정, 김연정
사진 황성관, 변종석 **디자인** 안유진 **일러스트** 안태진 **총판·관리** 장성진, 이미경
출력 삼보프로세스 **용지** 영은페이퍼(주) **인쇄** 애드그린 인쇄(주)
발행처 (주)주택문화사 **출판등록번호** 제13-177호 **주소** 서울시 강서구 강서로 466 우리벤처타운 6층
전화 02-2664-7114(代) **팩스** 02-2662-0847 **홈페이지** www.uujj.co.kr

정가 16,800원   **ISBN** 978-89-6603-014-9

이 책의 저작권은 (주)주택문화사에만 있습니다. 내용의 전부 또는 일부를 이용하려면 반드시 동의를 거쳐야 합니다.
파본 및 잘못된 책은 바꾸어 드립니다.

조립식 주택이 뭐 어때서?!

황성관 지음

주식회사 **주택문화사**

일러두기
01 본문에 실린 건축 자재비 및 시공비는 준공 시기와 환율 변동에 따라 차이가 있습니다.
02 독자들의 이해를 돕기 위해 법정계량단위 제곱미터와 평을 함께 사용했습니다.
03 이 도서의 국립중앙도서관 출판시도서목록(CIP)은 e-CIP홈페이지(http://www.nl.go.kr/ecip)와 국가자료공동목록
　시스템(http://www.nl.go.kr/kolisnet)에서 이용하실 수 있습니다. (CIP제어번호: CIP2013001475)

들어가며

건축가가 설계하여 그 집에 사는 사람의 개성, 생활방식, 건축가의 철학이 담긴 그런 멋진 집에 누구나 살고 싶어 한다. 나도 그런 집에 살기를 원한다. 그러나 나는 자금의 여유가 없다. 1억원이 전부인데 몇 천만원을 설계비로 지출할 수 없지 않은가!

이 상황은 대부분 집 지으려는 사람들의 공통점일 것이다. 그렇다면 건축가가 설계하지 않는 집은 좋지 않은 집인가?

설령 안 좋은 집이라 치더라도 많은 사람들이 건축가가 설계하지 않은 집, 소위 집장사의 집을 선택할 수 밖에 없는 현실에 살고 있다. 그리고 이런 선택을 한 사람들의 대부분은 단열성능 등 기본적인 주택성능이 확보된 집을 원할 것이고, 그렇게만 된다면 이들에게는 그 집이 좋은 집이다.

자금의 여유가 없는 사람들이 전원주택을 지을 때 조립식주택을 많이 선택한다. 선택한다기보다 선택할 수밖에 없는 상황이라고 하는 것이 맞다. 그들 중 적지 않은 이들은 선택을 하면서도 조립식주택에 대한 부정적인 인식을 떨치지 못한다. 겨울에 춥고, 여름에 더우며, 화재에 취약하고, 외관도 멋이 없는(창고 같은) 몹쓸 집으로 말이다. 저렴한 단가로 대충 지어서 문제가 있으면 '조립식주택은 원래 그렇다'고 '그 단가에 무얼 더 바라냐'고 반문했던 시공자들, '역시 조립식주택은 이 정도 밖에 안 되는구나'라고 순응했던 건축주들이 이런 인식을 만들어 왔다.

조립식주택뿐만 아니라 다른 구조의 주택들도 제대로 짓지 않으면 위에서 언급한 문제들은 당연히 발생한다. 반대로 생각해보면 조립식주택도 제대로만 짓는다면 상대적으로 저렴한 비용으로 괜찮은 성능을 발휘할 수 있는 것이다. 이런 생각의 단초는 조립식주택의 외벽을 구성하는 샌드위치패널이 단열재라는 것에서 시작되었다. 제대로만 짓는다면 단열성능이 오히려 더 좋지 않을까? 그래서 결정한 것이 이중벽체이다. 경량철골조 안팎에 이중으로 샌드위치 패널을 설치하는 것이다.

결과는 가격대비 대만족이었다.
토지매입부터 주택공사비, 각종 부대비용, 세금까지 모두 합해 총비용이 1억3천만원 들었다. 겨울에 따뜻하다. 단열성능은 대만족이다. 내외장재도 자금 상황에 맞추어 적정선에서 선택하였다. 고급주택은 아니지만 그렇다고 조립식주택인지, 목조주택인지, 철근콘크리트주택인지 알 수 없다. 외관 역시 타 형식의 주택들과 견주어 봐도 뒤지지 않는다는 이야기다.

발표된 보도자료를 보면 2011년 수도권 인구가 1970년 통계작성을 시작한 이후 처음으로 순유출로 돌아섰다고 한다. 40~50대는 2007년부터 수도권을 벗어나기 시작했고 30대와 60세 이상도 2008년부터 순유출로 돌아섰다. 통계

청이 2012년에 발표한 조사에도 2011년 귀농 인구가 전년보다 86.4% 증가한 것으로 밝혀졌다. 40~50대 베이비붐 세대(1955년~1963년생, 약 714만명)의 귀농·귀촌이 폭발적으로 늘고 있음을 알 수 있는 대목이다.

보도자료를 보면 이들의 절반 이상(56.3%)이 은퇴 후 전원생활을 희망하고 있으며, 이중 81.8%가 이주·정착시 주택·토지구입 등의 예상소요비용을 2억원 미만으로 생각하고 있다고 한다. 이런 보도자료를 바탕으로 소설을 써 본다.

1 나는 베이비붐세대 세대다. 정신없이 일만 했는데 어느덧 퇴직할 때가 되었다. 노후 준비는 되어있지 않은데 아직 돈 들어 갈 일이 많다. 자녀들도 출가시켜야 한다. 그러기 위해서는 집을 처분하고 교외에 소박한 집을 지어 노후를 보내야 한다. 수도권을 벗어나 흙을 밟고 텃밭도 일구며 행복한 전원생활을 꿈꿔오기도 했지만 집 짓는데 많은 돈을 쓸 수 없다. 수입이 없어지니 관리비도 많이 들면 안 된다. 땅도 사 본 적이 없는데 집을 짓자니 잘 알지도 못하고 막막하기만 하다.

2 나는 대한민국의 중산층이다. 부족하지 않게 살고 있다. 그러나 여유로운 것도 아니다. 요즘 주5일 근무제와 주5일 수업으로 주말에 가족들이랑 나들이 갈 일이 많아졌다. 매번 새로운 곳을 찾아다니는 것도 지친다. 근교에 흙 밟으며 쉴 수 있는 공간, 아이들과 함께 텃밭을 일구며 자연의 이치와 수확의 기쁨을 느끼고 싶다. 나만의 취미생활(목공, 도자기 공방 등)을 할 수 있는 주말주택을 갖고 싶다. 그렇지만 마음만 있지 내 이야기는 아닌 것 같다.

3 나는 집 지을 계획이 있는 일반인(건축 관련 비전공자)이다. 자금이 넉넉한 편은 아니다. 집 지을 땅도 구해야 하고, 시공업체를 결정하여 진행하여야 한다. 근데 어떻게 땅을 구해야 할지, 시공업체는 어떻게 결정해야 하는지 만나서 어떤 질문을 하고, 어떤 부분을 판단해서 계약할지 도통 모르겠다.

위의 사례들은 과연 소설일까?
이 책은 조립식 이중벽체주택의 건축 시공과정뿐만 아니라 토지매입, 설계 과정에서부터 입주 후 관리비용까지 상세히 기록하였다. 그리고 중간 중간에 검토했던 내용을 바탕으로 도움이 될 수 있는 필요한 정보들을 알기 쉽게 정리하였다.
여유롭지 않은 자금으로 주말주택 혹은 전원주택을 꿈꾸는 이들에게, 정답은 아닐지라도 하나의 대안을 보여주고 싶었다. 그런 마음으로 지난 과정을 모두 기록해 책으로 담았다. 나와 같은 꿈을 꾸는 누군가에게 큰 힘이 될 수 있기를 바란다.

황성관

차례

STEP 01
농가주택을 알아보다

01 아버지의 갑작스런 귀향 결심   **18**
02 집을 보러 다니다   **20**
03 답답한 가슴이여, 돈이 문제로구나   **37**
● 집짓기 길잡이 ①
    땅과 집, 뭐부터 확인해야 하지?   **39**

STEP 02
집을 지으려면 무엇이 필요한가?

04 집을 짓는데 돈이 얼마나 들까?   **52**
● 집짓기 길잡이 ②
    진행단계 별 비용 예측하기   **56**
05 조립식 이중벽체, 바로 이거야!   **62**
● 집짓기 길잡이 ③
    패시브하우스가 뭐지?   **66**

STEP 03
집 지을 땅을 찾다

06 이번에는 땅이다   72
07 마음에 쏙 드는 땅을 발견하다   82
● 집짓기 길잡이 ④
    토지매입 시 기본적인 검토사항들   87
08 맹지인 땅, 계약을 하다   94
09 산 넘어 산, 이번에는 배수가 문제   98
10 창고를 빌려 이삿짐을 옮기다   102
11 측량을 하다   105
● 집짓기 길잡이 ⑤
    1평이란 어느 정도의 크기일까?   106

STEP 04
설계와 건축신고를 하다

12 직접 설계를 하다   **110**
- 집짓기 길잡이 ⑥
  지붕물매가 얼마지?   **122**

13 설계사무소 결정 및 건축신고를 하다   **126**
- 집짓기 길잡이 ⑦
  건축신고대상 건축물의 종류   **128**

STEP 05

구옥을 허물고 땅을 정리하다

14 구옥을 철거하다	**134**
● 집짓기 길잡이 ⑧	
슬레이트 철거에 대하여	**138**
15 성토를 하다	**140**
● 집짓기 길잡이 ⑨	
성토 물량과 비용 계산하기	**143**
16 우수배수 맨홀과 배수관 공사	**148**

STEP 06

시공업체와 계약하다

17 시공업체를 알아보다	**152**
18 견적을 받다	**154**
● 집짓기 길잡이 ⑩	
집짓는 중 설계가 변경 되었을 때는 어떻게 하지?	**161**
19 계약서에 도장을 찍다	**165**
● 집짓기 길잡이 ⑪	
견적서와 계약서는 어떻게 검토하나?	**167**

STEP 07

집을 짓다

20 기초공사	174
● 집짓기 길잡이 ⑫	
콘크리트와 철근의 규격 및 물량에 대하여	189
21 경량철골공사	192
● 집짓기 길잡이 ⑬	
조립식주택의 공사진행 순서는 어떻게 될까?	200
22 패널과 창호공사	204
23 전기배선공사	211
24 급수 난방배관과 바닥 미장공사	219
25 외장공사	224
26 내장공사	232
27 타일공사	236
28 욕실 천장과 도기류, 각종 부착물 공사	240
29 도배 및 장판공사	245
30 가구공사	250
31 내·외부 마무리공사	255
● 집짓기 길잡이 ⑭	
동결심도에 대하여	263
32 기타 부대공사	266
33 사용검사 그리고, 드디어 이사	271

STEP 08
입주 후 이야기
34 건물 등기와 총 비용에 대한 정리	276
35 입주 후 1년간의 관리비용 정산	279
36 주택 성능에 관한 분석	284
37 집을 가꾸며 느끼는 소소한 행복	294
38 집짓기, 마침표를 찍다	303

건축 후기
01 조립식주택의 화재 안전성	305
02 짓고 나서 아쉬운 점	307

STEP 01
농가주택을 알아보다

01 아버지의 갑작스런 귀향 결심
02 집을 보러 다니다
03 답답한 가슴이여, 돈이 문제로구나

집짓기 길잡이 ①

01
아버지의 갑작스런 귀향 결심

글 전체 맥락의 이해를 돕기 위해 우선 필자 소개를 간단히 해야 할 것 같다. 나는 대학에서 건축을 전공하고 현재 관련 공사에 근무하고 있는 30대 초반의 평범한 직장인이다. '평범하다'는 말 속에는 동년배의 여느 직장인과 마찬가지로 형성해 놓은 자산이 없다는 의미도 포함된다. 물론 물려받은, 물려받을 재산도 없다. 게다가 살고 있는 전셋집에는 대출금이 적잖고 그나마 저축은 열심히 했지만, 요즘 급등하는 전셋값을 겨우 감당할 정도의 금액이 전부이다. 막상 이렇게 열거하고 보니 우울하다. 그러나 나만을 믿어주는 여우같은 아내, 이제 막 태어난 아들딸과 남부럽지 않은 가정을 이루고 행복하게 살아가는 한 집안의 가장이다.

이사할 집은 정해지지 않았다
그러던 어느 날⋯. 경북 구미에 계신 아버지로부터 뜬금없는 연락을 받았다.
"지금 살고 있는 아파트, 부동산에 내놨다."

며칠 지나지도 않아 집은 진짜로 팔렸고, 이삿날도 덩달아 정해져 버렸다. 갑작스러운 이런 결정이 있기 몇 달 전까지도 아버지는 환갑이 넘은 연세로 일을 다니셨다. 내색은 안 하셨지만 퇴직할 시점이 다가오자 스트레스를 받으시는 눈치였다. 그렇지만 자식된 도리로 호기 있게 "이제 일 그만하고 쉬세요!"라는 말이 차마 입에서 떨어지지 않았다.

결국 손에서 일을 놓은 아버지는 내내 집에 계시기만 했다. 그것도 하루이틀이지, 하루 종일 TV 앞에서 리모컨만 만지작거리시는 아버지를 두고 어머니께선 걱정을 늘어놓곤 하셨다. 그래서인지 정작 아버지 당신도 어떤 변화가 필요함을 느끼셨나 보다.

"도통 이렇게 살아서는 안 되겠다. 일단 집을 팔고 고향인 충주로 내려가 허름한 농가라도 고쳐 살아야 겠다"며 마음을 다잡으신 것이다. 어머니 역시 아파트를 벗어나 텃밭을 가꾸며, 거기서 나온 수확물을 자식들에게 보내주며 사는 그런 여생을 꿈꾸셨다.

"그런데 아버지, 집은 팔렸으니 어쩔 수 없더라도 이사할 집은 구하셨어요?"

"다 정해 놓고 이사하려면 집도 못 팔고 생각만 맴돌고 말아. 집 비워주기까진 몇 달 여유가 있으니 충주에 내려가 부지런히 농가를 구해볼 생각이다."

예산은 아파트를 판 돈 5,000만원뿐이었다. 그 돈으로 해결해야 한다.

02
집을 보러 다니다

아버지는 충주로 가서 집을 보러 다니느라 분주하셨다. 여러 중개업소에 발품을 파시고는 적당한 매물의 지번과 가격 등을 알려주셨다. 그러면 나는 우선 토지이용규제정보, 지적도, 위성사진, 건축물대장 등을 꼼꼼히 체크해 특별한 사항이 없는지 검토한 후, 주말마다 충주에 내려가 집을 둘러보기 시작했다.

첫 번째 집
처음 찾은 곳은 충주시 수안보면의 한적한 마을이었다. 중부내륙고속도로 괴산IC에서 7㎞ 정도 떨어진 위치로, 수원에 거주하고 있는 필자로서는 주말에 부모님을 뵈러 가기에도 수월했다. 더욱이 충주 도심에서 15㎞ 내외라 병원이나 장보러 가기에도 불편함이 없을 듯했다. 충주호와 월악산도 지척이라 일단 위치는 맘에 들었다.

위성사진으로 위치 확인

위성사진으로 대지 주변 확인

진입부 오르막길과 전경

큰길에서 나지막한 언덕을 제법 올라가야 했다. 은근히 경사가 있어 무릎이 좋지 않은 어머니가 불편할 수 있겠다는 생각이 들었다.

100m 정도 걸어 집 앞에 도착했다. 대지면적이 358㎡**(108.29평)**나 되는데, 집

이 대지 중간에 있다 보니 상대적으로 땅이 협소해 보였다. 집도 62.15㎡(18.8평)로 좁은 편이었다. 건축물대장에서 1978년에 사용승인 되었음을 미리 확인했을 때, 수리할 곳이 무척 많을 것으로 짐작은 했다. 다행히 욕실과 주방은 입식으로 수리된 상태였지만 손볼 곳이 꽤나 많았다. 가격은 4,800만원을 부르는데 예산 이내로 저렴한 편이었지만, 뭐랄까 딱히 느낌이 오지를 않았다.

토지이용규제정보 및 지적도

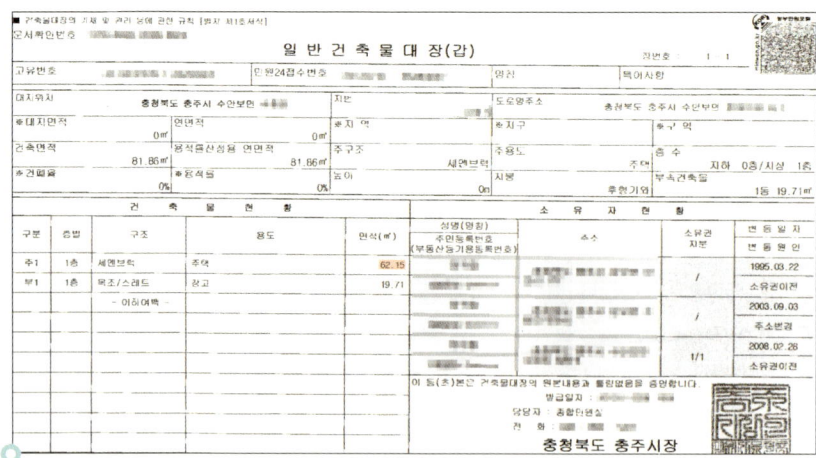
건축물대장

건축물대장

처음 본 집이라 기대를 하거나, 괜찮으면 당장 계약까지 할 생각은 없었다. 현장 확인과 시세 파악을 염두에 둔 발걸음이었지만 좀 허탈했다. '과연 이 예산으로 마음에 드는 집을 구할 수 있을까' 라는 의구심만 가지고 돌아왔다.

두 번째 집

첫 번째로 본 집 인근이었다. 대지면적이 283㎡(85.6평)로 첫 번째 집보다는 작았다. 반면에 주택이 뒤쪽으로 바짝 붙어 자리해 앞마당이 제법 넓었다.

1979년에 사용승인을 받은 만큼 외관상으로도 당장 지붕기와부터 보수가 시급해 보였다. 부분 보수가 아닌 전체를 교체해야 할 정도로 상태가 좋지 못했다. 그러나 내부구조 자체는 첫 번째 집보다 쓸 만했다. 손본 곳도 많아서 추가로 보수가 필요치 않을 정도였다. 별채도 하나 있었는데, 지은 지 얼마 안 되었다고 했다. 사랑채 역할을 충분히 할 것 같았지만, 건축물대장에는 등재되지 않았다.

"둘러보시면 금방 알겠지만, 살면서 틈틈이 수리했어요. 아마 도배만 하고 이사 오시면 될 거에요." 집주인은 별채 신축에 돈이 많이 들었다는 점을 강조하며 매매가로 5,500만원을 제시했다.

마침 동행했던 어머니는 주변에 이웃도 있고 내부도 그럭저럭하니 이 정도면 만족한다는 표정이셨다. 마음에 꼭 들었기 보다는 5,000만원이라는 적은 예산으론 이 이상의 집은 구하기 힘들다고 벌써부터 단정지으신 듯했다. 아마도 이사 날짜가 정해져 있다 보니 마음이 조급하신 모양이다.

그러나 내 생각은 좀 달랐다. 집 자체는 너무 오래됐으니 가격을 책정하기가 애매하다. 토지 값이 전부라고 봐야 하는데, 계산해보면 평당 65만원이나 되는 금액이다. 주변 시세에 비해 너무 비싸다. 아무리 수리를 많이 하고 별채가 있더라도 이건 아니다 싶었다.

위성사진으로 대지 주변 확인

대지 전경 및 별채

결정적으로 토지이용규제정보를 보니 대지 북측으로 도로가 생길 예정이다. 게다가 '지역지구 등 지정여부' 항목에 도로에 저촉된다고까지 표시되어 있었다. 저촉되는 부분이야 수용당한 만큼 보상을 받으면 되겠지만, 집이 뒤쪽으로 바짝 붙어서 수용의 정도를 가늠하기 어려웠다. 다행히 집까지는 포함되지 않더라도 집 옆으로 바로 도로가 지나가는 셈이다. 흔히들 도로가 생기면 좋다고 하지만, 집을 허물지 않고 그냥 살아야 하는 상황에선 그다지 바람직한 조건은 아니다.

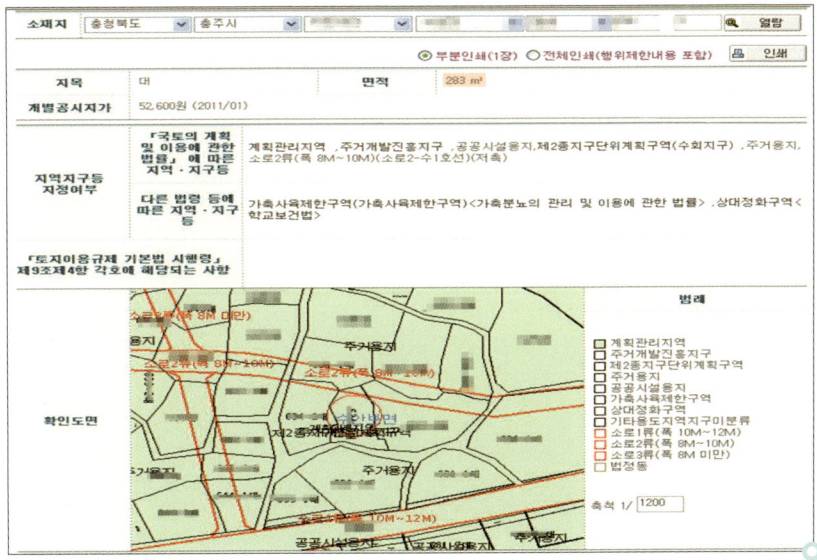

토지이용규제정보 및 지적도

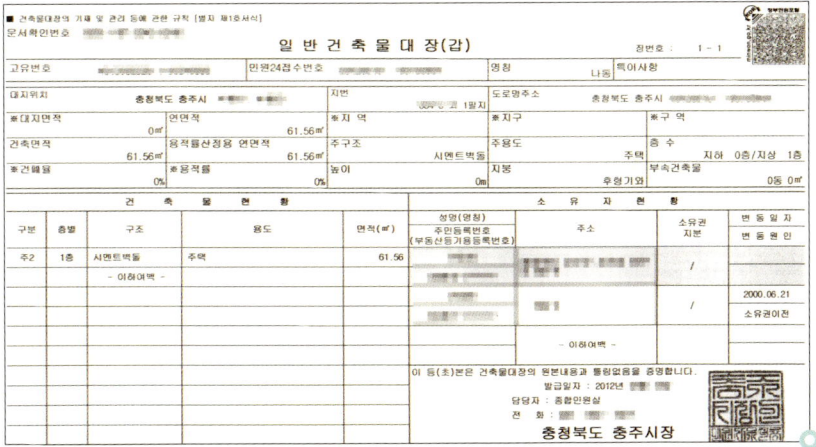

건축물대장

STEP 01 농가주택을 알아보다

건축물대장

또한 건축물대장을 보면 지번이 두 개로 표기되어 있다. 건축물대장 두 번째 페이지에 관련 지번으로 대지 우측번지가 명기된 것이다. 혹여 건물이 옆 지번에 걸친 것은 아닌지 측량 전에는 알 수 없는 일이다. 썩 내키지 않는 상황이었다. 이러저러한 사정에 비추어 가격이 적정하지 않음을 집주인에게 열심히 설명했지만, 절충의 생각은 전혀 없어 보였다.

세 번째 집

이번에는 신니면 쪽으로 발길을 돌렸다. 중부내륙고속도로 충주IC에서 15km, 충주 도심에선 22km 정도 떨어진 거리였다. 앞서 본 두 집 보다는 고속도로 IC나 시내와 멀어졌지만, 국도가 잘 연결되어 시간상으로 차이가 없고 수도권과는 오히려 더 가까웠다.

해당 번지를 찾아 도착했을 때, 40년이 넘었다고는 믿기지 않을 만큼 수리가 잘된 집과 마주했다. 181㎡(54.75평)라는 작은 대지에 비해 앞마당도 제법 넉넉했다. 무엇보다 매매가가 3,700만원으로 현재의 예산을 고려할 때 가장 현실적인 매물이다. 평당 가격은 높지만, 시골에서 이처럼 작은 땅을 찾기는 쉽지 않은 일이다. 어쩌면 이 집으로 계약할 수도 있겠다는 생각이 들었다.

위성사진으로 위치 확인

위성사진으로 대지 주변 확인

대지 전경

다른 토지를 점유하고 있는 부분

그런 마음으로 집 내외부를 자세히 들여다봤다. 최근에 건물 전면에 치장벽돌을 두르고 플라스틱 창호도 교체한 것으로 보이는데, 소유자가 매도를 위해 수리한 것으로 짐작된다. 건물 주변을 돌아 뒤편으로 가보니 증축한 건물이 툭 튀어나와 있었다. 미리 출력해 온 토지이용규제정보에 표시된 지적도를 보니 증축으로 추측되는 부분이 인접 땅을 점유하고 있는 듯했다. 그 토지는 지목상 전(田)으로 면적이 44㎡(13.3평)에 불과했다. 중개사도 그 부분은 확실히 모르고 있는 듯 보였다. "확인하고 해결해 줄 수 있으니 걱정 말라"는 말 뿐이었다.

문제는 그 뿐만이 아니었다. 도로와 대지 사이에 다른 대지 2필지가 끼어 있었다. 이른바 '맹지'였다.

"시골에서 맹지는 흔한 일이에요. 옆에 필지 소유자들과도 얘기가 끝난 상태니까 안심하셔도 됩니다." 해당 필지는 여러 대지에 영향을 미치고 있어 협의가 됐다는 중개사의 말에는 일단 믿음이 갔다. 그러나 외지인한테도 관대할지와 추후 집을 신축하게 될 때, 뜻하지 않은 애로사항이 될 수도 있겠다는 생각이 들었다.

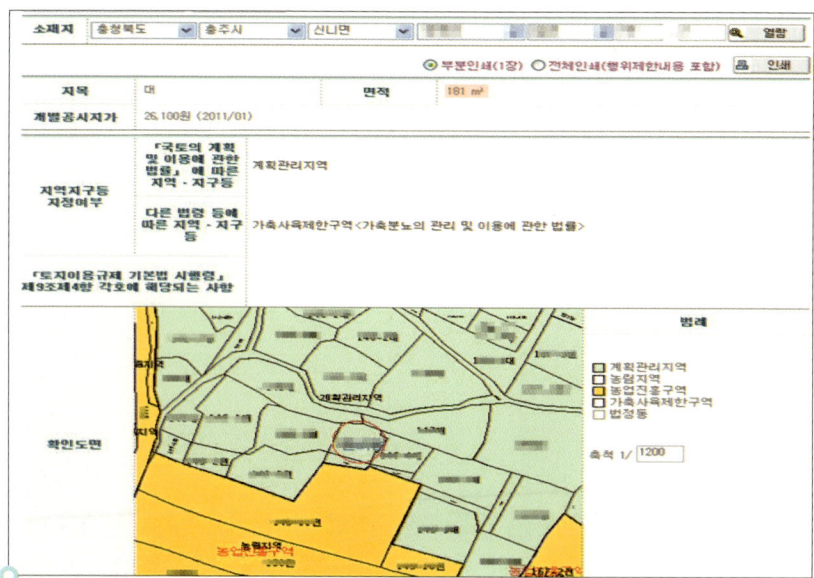

토지이용규제정보 및 지적도

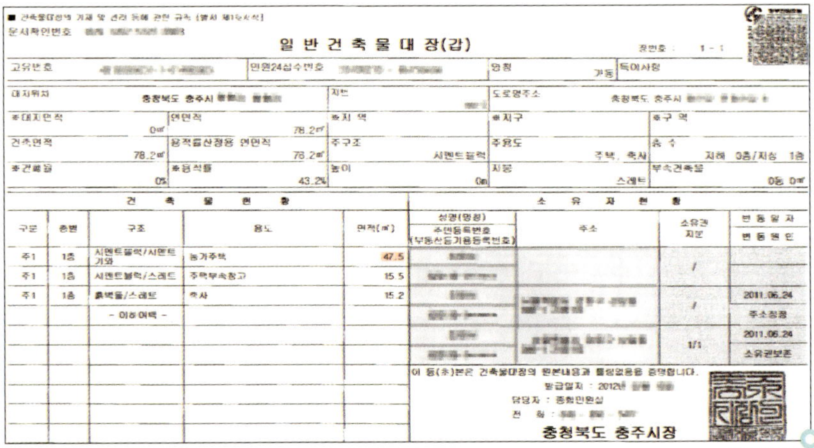

■ 건축물대장의 기재 및 관리 등에 관한 규칙 [별지 제1호서식]

문서확인번호

일반건축물대장(갑)

장번호 : 1 - 1

고유번호		민원24접수번호		명칭	특이사항
대지위치	충청북도 충주시	지번		도로명주소	충청북도 충주시
※대지면적 0㎡	연면적 78.2㎡	※지역	※지구	※구역	
건축면적 78.2㎡	용적률산정용 연면적 78.2㎡	주구조 시멘트블럭	주용도 주택, 축사	층수 지하 0층/지상 1층	
※건폐율 0%	※용적률 43.2%	높이 0m	지붕 스레트	부속건축물 0동 0㎡	

건축물 현황

구분	층별	구조	용도	면적(㎡)
주1	1층	시멘트블럭/시멘트기와	농가주택	47.5
주1	1층	시멘트블럭/스레트	주택부속창고	15.5
주1	1층	흙벽돌/스레트	축사	15.2
		- 이하여백 -		

소유자 현황

성명(명칭) / 주민등록번호(부동산등기용등록번호)	주소	소유권 지분	변동일자 / 변동원인
		/	
		/	2011.06.24 주소정정
		1/1	2011.06.24 소유권보존

이 등(초)본은 건축물대장의 원본내용과 틀림없음을 증명합니다.

발급일자 : 2012년

담당자 : 종합민원실

전 화 :

충청북도 충주시장

건축물대장

■ 건축물대장의 기재 및 관리 등에 관한 규칙 [별지 제1호서식]

문서확인번호

장번호 : 2 - 1

고유번호 | 민원24접수번호

구분	성명 또는 명칭	면허(등록)번호
건축주		
설계자		
공사감리자		
공사시공자(현장관리인)		

※주차장

구분	옥내	옥외	인근	면제
자주식	0 대 0 ㎡	0 대 0 ㎡	대 ㎡	
기계식	0 대 0 ㎡	0 대 0 ㎡	대 ㎡	대

승강기: 승용 0 대, 비상용 0 대

※오수정화시설: 형식, 용량 인용 ㎡

허가일자 / 착공일자 / 사용승인일자 1970 / 관련 지번

건축물 에너지 소비정보 및 그 밖의 인증정보

에너지효율	에너지성능지표(EPI) 점수	친환경건축물 인증	지능형건축물 인증
등급	점	등급	등급
에너지절감율 %		인증점수 점	인증점수 점

변동사항

변동일자	변동내용 및 원인	변동일자	변동내용 및 원인	그 밖의 기재사항
1985.	1985 농가주택(47.5㎡)증축		'78.2')) 직권변경	
1999. 11. 24	명칭및번호(가동)등재		- 이하여백 -	
2009. 12. 16	건축물대장 기초자료 정비에 의거 (층별개요(주/부속 일련번호:'' -> '1')표제부(가구수,용적율,용적율 산정용 연면적:'0' -> '1','0' -> '43.2','0' ->			

건축물대장

집을 한 바퀴 돌고 집 안으로 들어섰다. 외부와 마찬가지로 실내도 바로 들어와 살 수 있도록 주방과 욕실 수리, 도배까지도 깔끔하게 마쳤다. 집은 47.5㎡(14.37평)로 작았다. 거실 가운데 기둥이 하나 서 있는 것을 봐서는 수리를 하면서 구조까지 손댄 듯한데, 그 기둥을 없애지 못한 점이 아쉽다. 안방에 문이 하나 더 있었다. 욕실인가 싶어 문을 열었더니 방이다. 밖에서 보았던 증축이 짐작되던 그 공간이었다. 어쨌든 현실적으로 가장 매입 가능성이 높은 가격대였지만, 지적상의 문제들이 내내 마음에 걸렸다. 중개사는 시골에서 그 정도는 다반사라는 말만 반복했다.

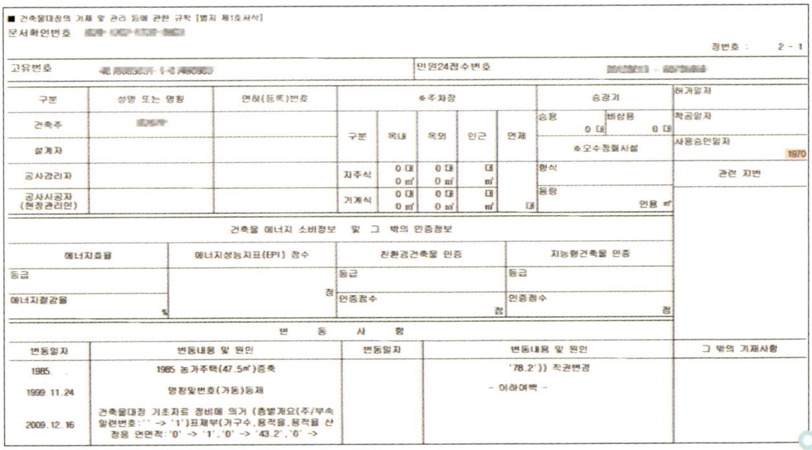

집으로 돌아오자마자 증축 부분과 도로 관계 확인을 위해 국토해양부에서 운영하는 '온나라 부동산정보 통합포털(www.onnara.go.kr)'에 접속했다. 여기서 제공하는 서비스 중에는 '온나라 지도보기'가 있다. 해당 번지의 대지경계와 위성사진과의 겹쳐 보기가 가능하기 때문에 증축된 부분이 인접한 땅을 침범했는지 여부까지 알 수 있다.

검색해서 확대를 해도 도로가 관련 필지에 접하지 않은 것 같다는 짐작만 할 수 있고, 뒤편의 증축 부위도 분별이 어려웠다. 주변 필지들의 경계선이 드러나지 않고, 해당 필지만 빨간선으로 구분되어 확인이 쉽지 않았던 것이다.

온나라 부동산정보 통합포털에서 지도 확인

좀 더 크게 확대해서 보면 식별이 가능하지 않을까 싶어 지적도와 위성사진을 동일한 비율로 최대한 확대해 겹쳐 보았다. 정밀한 감별은 힘들겠지만, 어느 정도 판단은 가능하리라는 생각에서다. 막상 겹쳐보니 도로와 뒤편의 증축 부위가 다른 필지를 점유하고 있음을 여실히 알 수 있었다.

다음날, 중개사에게 전화가 왔다. "증축으로 옆에 필지로 넘어선 것은 맞지만, 그 토지가 얼마 안 되니 일괄 매수하도록 손써 보겠다"는 복안이었다.

여전히 찜찜했지만, 그보다도 생각지 못한 걸림돌이 있었다. 사실 그 집을 보고 나오는 순간 마당에서 뱀 한 마리가 우리 일행을 노려보고 있었다. 작은 뱀이라 위협적이진 않았지만, 어머니는 "집 지키는 뱀이 아무래도 우리가 이사 오는 걸 원치 않는 모양"이라고 해석하셨다. '아! 이런 속설도 집을 구하는 데 고려사항이 되어야 하는가' 생각했지만, 동행하신 어머니께서 계속 마음에 걸

위성사진과 지적도 겹쳐보기

려하셔서 일단 접기로 했다. 가장 현실적인 가격의 집이었기 때문에 더욱 허탈했다.

과연 '원하는 조건과 가격의 집을 찾을 수 있을까?' 라는 초조함이 밀려왔다.

네 번째 집

이번에도 신니면에 위치한 집이다. 이 집 역시 지적상으로 맹지였다. 집 앞에 포장된 도로가 지나갔고, 여러 이웃이 그 도로를 쓰고 있어 일단 큰 문제가 되지 않을 것 같아 긍정적으로 검토하였다. 대지는 417㎡(126.14평)이고, 집은 66.3㎡(20.06평)로 넉넉한 편이다. 1984년에 사용승인을 받아 그동안 보던 집보다는 상대적으로 새집(?)이었다.

바로 좌측에는 상당한 층고의 건물이 있었다. 무언가 싶어서 기웃거리며 마을 분께 여쭤보니 추수 후에 벼를 말리는 건조실이란다. 혹여 소음이 심하지 않을까 싶었지만, 일 년 중 잠시 사용하는 만큼 크게 개의치 않기로 했다.

위성사진으로 대지 주변 확인

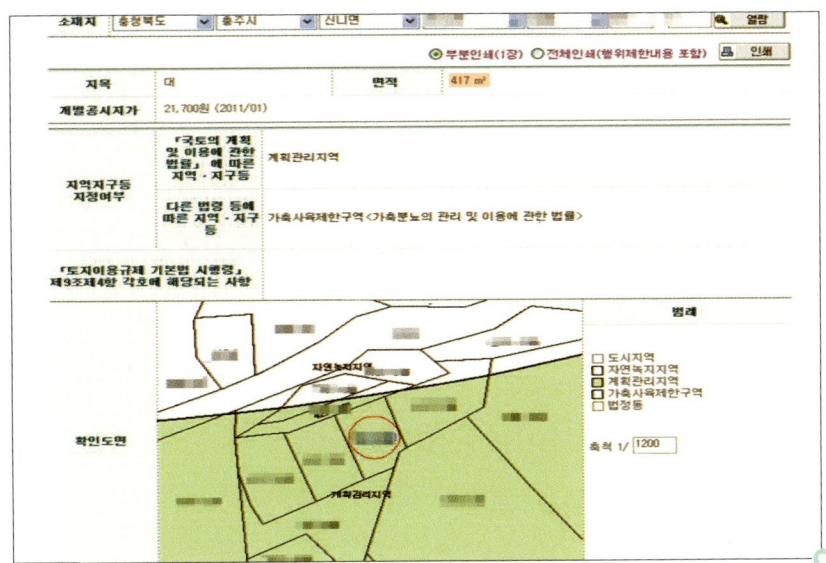

토지이용규제정보 및 지적도

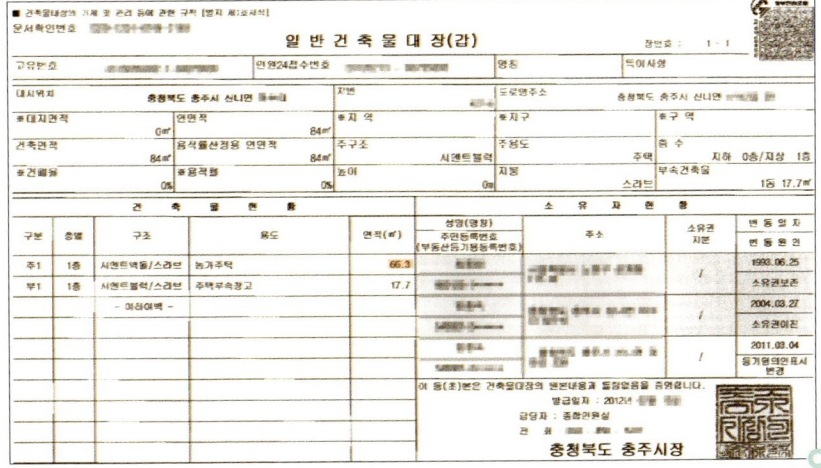

건축물대장

STEP 01 농가주택을 알아보다

건축물대장

집 전경 및 옥상

집 내부로 들어갔다. 장기간 비어 있었던 듯했다. 집 안에 안전모와 술병들이 뒹굴러 다녔는데, 전에 공사장 인부들의 숙소로 사용되었다고 한다. 옥상의 균열로 내부에서는 누수와 결로의 흔적이 군데군데 보였다. 욕실바닥은 방바닥보다 상당히 낮았고, 욕실 상부에는 방에서 들락거릴 수 있는 다락이 있었다. "집주인이 4,500만원을 요구했지만, 분위기 봐서는 일부 깎아줄 생각도 내비치고, 그러면 땅과 집 규모에 비해 그나마 저렴한 편이네." 이번에 동행하신 아버지는 상당히 긍정적으로 생각하셨다. 그렇다면 조정이 얼마나 가능할지, 수리비는 얼마나 들어갈지가 관건이었다. 수리비 견적을 뽑기 위해 현장에서 간단히 줄자를 대가며 급하게 간이도면을 그렸다.

업자에게 견적을 내기 전에 보수가 필요한 목록들을 뽑아 보았다. 일단 내부의 누수 흔적과 옥상 상태를 봐서는 옥상 방수공사는 기본이었다. 여기에 결로 흔적이 많아 겨울철 추위와 난방비를 고려해 단열 보완도 시급했다. 창호 역시도 옛날 목창호에 단창 상태여서 이중창에 복층유리로 교체해야 했다. 오래된 집이 장기간 빈 상태로 방치되어 있어서 난방배관의 교체 작업도 불가피해 보였다. 배관 교체는 방바닥 미장을 다 깨고 하는 큰 작업에 속한다. 이사 온 후에 문제가 생기면 그 번잡한 작업을 감당하기 어렵다.

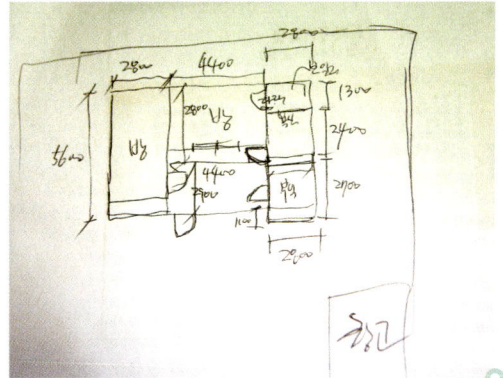

집 내부 사진과 간이 도면

그 외 외벽 도장, 보일러 교체, 주방가구 교체, 천장과 몰딩 그리고 걸레받이, 도배, 장판 등은 당연히 새로 해야 할 항목들이다. 대충 리스트를 산출해 보니 견적이 꽤나 나올 것 같았다.

충주시내에 보수업자를 찾아 건물면적과 함께 보수가 필요한 내역을 의뢰했다. 현장 확인 후 "전체 2,000만원은 들어야 사람 사는 집답게 할 수 있다"는 견적을 받았다. 대충 머릿속으로 가늠해 봐도 과한 견적은 아니다. 그렇다고 꼭 필요한 항목만 선별했기 때문에 더 이상 뺄 것도 없었다.

중개사를 통해 가격 절충이 얼마나 가능한지 물었다. 집주인은 최대 200만원까지만 고려하고 있었고, 더 이상의 절충은 힘들었다.

03
답답한 가슴이여, 돈이 문제로구나

네 번째 집까지 보고나니 처음부터 시작이 무모하지 않았나 싶었다. 사실 그보다는 앞으로 어떻게 할지가 고민이었다. 물론 아버지는 나보다도 더 걱정이 앞서실 게다.

어머니는 아버지를 원망하셨다. "구체적인 계획도 없이 덜컥 일부터 저지르셨다"고 타박이시다. 물론 직접은 못하시고 아들인 필자에게만 하는 말씀이니 답답할 뿐이었다.

앞서 봤던 네 번째 집을 아버지는 못내 아쉬워 하셨다. 그러나 가격 절충을 하고 수리비를 줄이더라도 종자돈 5,000만원에서 1,000만원이 훌쩍 넘어섰다. 그것만 생각해서도 안 될 일이다. 등기 이전은 물론 이사비용도 감안해야 한다. 이른바 '예비비'를 가지고 있어야 하는데, 이것저것 간추려도 2,000만원은 더 필요했다.

내 표정이 어두워 보였던지 집사람이 이것저것 물어왔다. 여태 보러 다녔던 집 사진들을 펼쳐놓고 현재의 상황을 들려주었다.

"이런 집들을 수리한다고 크게 좋아질 것 같지도 않고, 막상 손대기 시작하면 예산보다 더 들어갈 가능성이 클지도 모르겠는데…."

일리 있는 아내의 말이다. 그리고 나서 집사람은 한참동안 말없이 집안일을 했다. 얼마나 시간이 흘렀을까 뭔가 결심을 한 듯 말을 꺼내왔다.

"수리해도 별 표시 안날 것 같은 헌집 알아보느라 고생하지 말고, 차라리 땅을 사서 새로 짓는 게 어떨까? 모자란 돈은 우리가 어떻게든 융통해 보고."

캄캄한 마음에 한 줄기 빛 같은 말이었지만, 당장 대답을 할 수는 없었다. 일단, 우리 상황이 여의치 않았다. 서두에 언급한 것처럼 전셋집은 대출을 안고 있고, 결혼 후 열심히 저축한 돈이 5,000만원 남짓이지만 내년에 전세를 재계약할 때 고스란히 들어갈 돈이다. 애초에 그 돈은 여유자금이라는 생각조차 안 했다. 더구나 집사람과 함께 맞벌이를 했기 때문에 모을 수 있었던 돈이다. 아내는 먹고 싶은 거 안 먹고, 입고 싶은 옷도 안 사며 알뜰살뜰 모았는데…. 이런 생각들이 머리를 스쳐지나가면서 가슴이 먹먹해졌.

"어찌되었든 그렇게 융통하더라도 전체 1억원뿐이잖아. 그리고 내년에 전세 재계약할 때, 분명히 힘들어질 텐데."

"뭐, 어쩔 수 없잖아? 쉽지는 않겠지만 대출을 더 받으면 어떻게든 해결되지 않을까? 그러니까 자기가 좀 더 연구해 봐."

분명히 아내는 나보다 시원시원했다. 솔직히 뭔가 돌파구가 보인다는 생각이 들긴 했다. 그렇다고 말끔히 해소된 느낌도 아니었다. 집사람이 어떻게 살았는지 옆에서 뻔히 봐왔기 때문에 그런 제안을 선뜻 받아들이는 것조차도 미안했다.

'많은 대출을 받지 않고 가능할까?' 라는 걱정에 '정말 잘 지을 수 있을까?' 라는 부담감까지 덤으로 밀려와 잠이 오질 않았다.

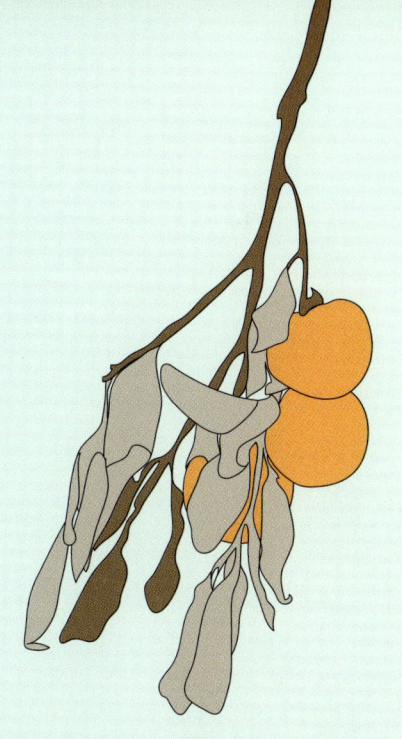

집짓기 길잡이 ①

땅과 집, 뭐부터 확인해야 하지?!

우리가 흔히 아파트를 매매하거나, 전세 계약을 체결할 때에는 등기부등본만 확인을 한다. 등기부등본에 기재되어 있는 권리관계(가압류, 근저당 등)를 확인하여 매매 계약 시에는 계약 전에 정리해야 할 권리관계 말소 등을 협의하거나, 전세 계약 시에는 내 전세보증금이 안전한지 판단하여 계약 체결 여부를 결정하게 된다. 그러나 이러한 집합건축물(아파트 등)과는 달리 일반건축물(단독주택 등)은 이것만 확인하고 계약을 했다간 큰 낭패를 볼 수 있다.

집합건축물 등기부등본에는 건물 부분의 소유내역뿐만 아니라 전체 토지면적 중 각 호수별 지분으로 소유내역이 표시되어 있다. 토지등기부등본이 따로 존재하지 않는다는 얘기다. 또한 집합건물은 대부분 규모가 크기 때문에, 건축허가(사업승인) 시 지자체 승인담당공무원이 토지권리관계 및 진입도로관계 등을 검토하여 부적합할 때에는 미승인하거나 이행하여 할 조건을 달아서 조건부승인을 한다. 이러한 조건들을 이행하여 준공 시 첨부해야 사용승인이 나는 것이다. 이러한 과정에서 토지, 도로 관계 등이 대부분 정리되기 때문에 일반인들은 해당 호수의 등기부등본만 잘 검토하면 큰 문제는 되지 않는다.

그러나 일반건축물은 상황이 다르다. 일단 토지와 건물의 공부서류들이 각각 존재한다. 도심은 상황이 낫겠지만 시골에는 토지소유자와 건물소유자가 다른 경우도 허다하다. 게다가 진입도로가 없는 맹지들도 많고 소유자들은 이러한 사실을 모르는 경우도 많다.

거주하고 있는 집 인근의 주택이나 토지를 알아보는 경우에는 첫 방문 이후 궁금한 사항이 생기면 다시 찾아가기 쉽겠지만, 그렇지 않다면 어느 정도 정보를 확보한 후 찾아가는 것이 훨씬 효율적이다.

필자 역시 농가주택을 알아보는 과정에서 방문 전에 정보들을 확인하고 출력해서 현장을 방문해 왔다.

위성사진 및 지도를 이용한 땅 찾기

요즘 다음(www.daum.net)이나 네이버(www.naver.com) 같은 포털사이트들은 지도서비스를 제공하고 있다. 지도와 위성사진을 겹쳐놓아 주변 여건, 건물 배치 등을 손쉽게 확인할 수 있다(최근 네이버에서는 오차는 있지만 연속지적도와도 함께 볼 수 있는 서비스도 제공하고 있다). 게다가 도로 위를 클릭하면 그 위치에 실제 서 있는 것처럼 사방으로 사진을 볼 수 있다(시골의 작은 길들은 서비스가 안 되는 지역이 아직은 많다). 길찾기 탭에서는 출발지와 도착지를 입력하면 자동차, 대중교통, 도보의 방법으로 얼마나 걸리는 지 거리와 예상 소요시간도 알 수 있다.

먼저 지도서비스 길찾기 기능에서 미리 찾아둔 번지가 어디쯤 위치인지 알아본다. 출발지에 현재 거주지, 도착지에 찾고자 하는 해당 번지를 입력하여 자동차로 시간이 얼마나 걸리는지 파악한다. 많은 사람들이 수도권으로의 접근성을 중요시하니, 실제 수도권에 거주하는 이들은 이 기능을 사용하면 전체적인 위치 파악에 많은 도움이 될 것이다. 필자도 살고 있는 수원을 기점으로 향후 접근성을 파악하였다.

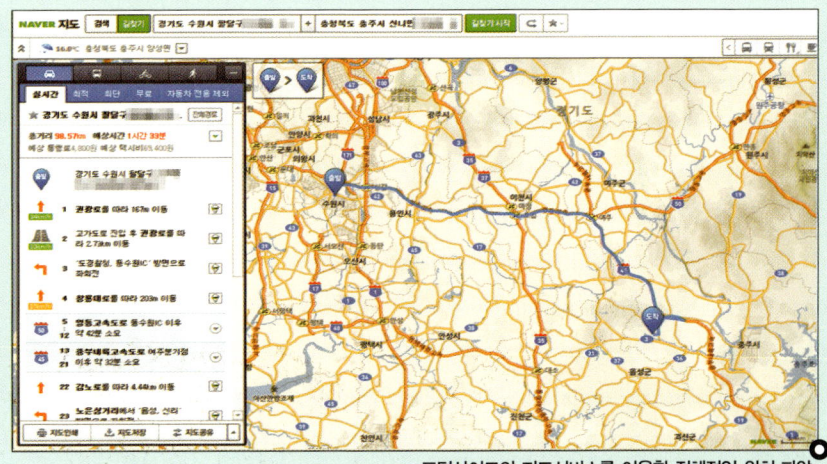

포털사이트의 지도서비스를 이용한 전체적인 위치 파악

필자가 염두에 두고 있는 충주 지역의 토지들은 수원에서 거리상 100km도 되지 않는다. 자동차로는 약 1시간 20분 정도 소요된다. 최단거리로 검색해 보면 85km가 채 안 된다. 영동고속도로를 타다가 중부내륙고속도로 북충주IC에서 빠져도 되고 감곡IC에서 나와도 된다. 이런 식으로 전체 위치를 파악한다.

해당 번지 생활권 파악

전체 위치를 파악했으면 해당 번지를 중심으로 위성사진을 확대해 그 주변의 생활권을 파악한다. 도심과는 얼마나 떨어져 있는지, 특히 어르신들은 병원 접근성이 나쁘면 안 되기 때문에 병원과의 거리 파악이 필수이다. 식료품들을 구매할 수 있는 시장이나 대형마트, 관공서 위치 등을 미리 알아본다. 주말주택이라면 이러한 생활권 조사가 그다지 중요하지 않지만, 거주의 목적이라면 꼭 거쳐야 할 과정이다.

주변 현황 파악

다음으로는 좀더 확대해서 주변에 혐오시설은 없는지 축사, 공장 등이 인접해 거주에 불편함이 있는지 대지 주변 현황을 살펴보고 직접 확인이 필요한 사항들을 표시해둔다. 그냥 지나칠 수 있는 내용들이지만 이정도 정보만 습득해도 실제 현장을 방문했을 때 아주 익숙한 느낌을 받을 수 있고 재방문의 수고도 줄일 수 있다. 뿐만 아니라 조건이 맞지 않는 토지는 검토 목록에서 제외시켜 땅 찾는 시간을 조금이나마 아낄 수 있다.

토지이용규제 정보서비스

그 다음으로는 관련 토지의 정확한 면적이 얼마인지, 어떤 용도지역·지구· 구역인지, 지목이 무엇인지, 어떤 모양인지, 맹지는 아닌지, 어떠한 법들에 어떠한 규제들이 있는지 알아봐야 한다. 국토해양부에서 운영하는 '토지이용규제 정보서비스(http://luris.mltm.go.kr)'에 접속하면 위의 내용들을 한번에 알아볼 수 있다. 토지이용규제 정보서비스는 하나의 토지에 여러 종류의 지역·지구가 중첩 지정됨에 따라 국민이 개별 토지에 지정된 행위제한 내용을 파악하기 어려워 민원이 꾸준히 제기됨에 따라 구축되었다고 한다. 이용 방법은 토지이용규제 정보서비스에 접속하여 토지이용계획 열람을 선택하고 해당 토지의 주소를 입력하면 아래와 같은 화면이 나온다.

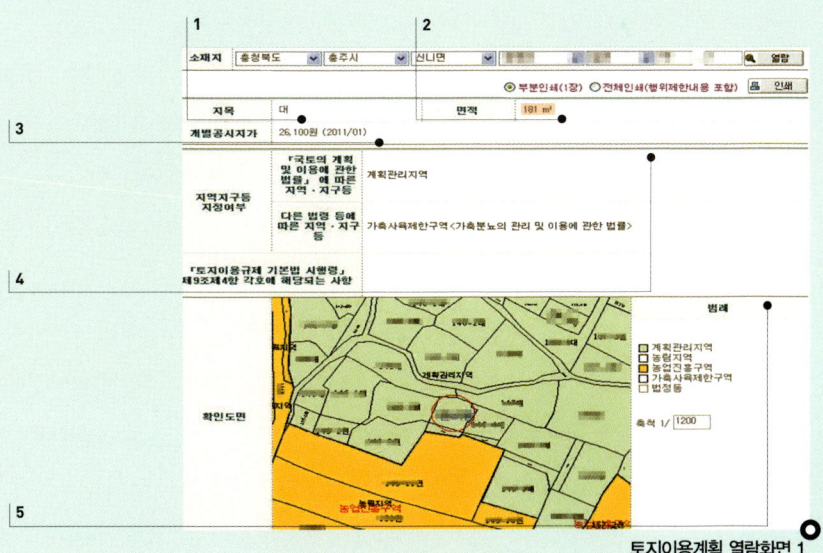

토지이용계획 열람화면 1

유의사항	1. 토지이용계획확인서는 「토지이용규제 기본법」 제5조 각 호에 따른 지역·지구등의 지정 내용과 그 지역·지구등에서의 행위제한 내용, 그리고 같은 법 시행령 제9조제4항에서 정하는 사항을 확인해 드리는 것으로서 지역·지구·구역 등의 명칭을 쓰는 모든 것을 확인해 드리는 것은 아닙니다. 2. 「토지이용규제 기본법」 제8조제2항 단서에 따라 지형도면 작성·고시하지 않는 경우로서 「철도안전법」 제45조에 따른 철도보호지구, 「학교보건법」 제5조에 따른 학교환경위생 정화구역 등과 같이 별도의 지정 절차 없이 법령 또는 자치법령에 따라 지역·지구등의 범위가 직접 지정되는 경우에는 그 지역·지구등의 지정 여부를 확인해 드리지 못할 수 있습니다. 3. 「토지이용규제 기본법」 제8조제3항 단서에 따라 지구등의 지정 시 지형도면등의 고시가 곤란한 경우로서 「토지이용규제 기본법 시행령」 제7조제4항 각 호에 해당되는 경우에는 그 지형도면의 고시 전에 해당 지역·지구등의 지정 여부를 확인해 드리지 못합니다. 4. "확인도면"은 해당 필지에 지정된 지역·지구등의 지정 여부를 확인하기 위한 참고 도면으로서 법적 효력이 없고, 측량이나 그 밖의 목적으로 사용할 수 없습니다. 5. 지역·지구등에서의 행위제한 내용은 신청인의 편의를 도모하기 위하여 관계 법령 및 자치법규에 규정된 내용을 그대로 제공해 드리는 것으로서 신청인이 신청한 경우에만 제공되며, 신청 토지에 대하여 제공된 행위제한 내용 외의 모든 개발행위가 법적으로 보장되는 것은 아닙니다. ⑥
지역·지구등 안에서의 행위제한내용	※ 지역·지구등에서의 행위제한 내용은 신청인이 확인을 신청한 경우에만 기재되며, 「국토의 계획 및 이용에 관한 법률」에 따른 지구단위계획구역에 해당하는 경우에는 담당 과를 방문하여 토지이용과 관련한 계획을 별도로 확인하셔야 합니다. 계획관리지역 국토의 계획 및 이용에 관한 법률 시행령 제71조 (용도지역안에서의 건축제한) 국토의 계획 및 이용에 관한 법률 시행령 별표 20 (계획관리지역안에서 건축할 수 있는 건축물) 국토의 계획 및 이용에 관한 법률 시행규칙 제12조 (계획관리지역에 휴게음식점 등을 설치할 수 있는 지역) 국토의 계획 및 이용에 관한 법률 시행규칙 별표 2 (계획관리지역 및 관리지역안에서 휴게음식점 등을 설치할 수 있는 지역)(제12조관련) 충주시 도시계획조례 제31조 (용도지역 안에서의 건축제한) 충주시 도시계획조례 별표 19 (계획관리지역 안에서 건축할 수 있는 건축물) 충주시 도시계획조례 별표 24 (계획관리 및 관리지역 안에서 휴게음식점 일반음식점 및 숙박시설의 설치가 가능한 지역) 충주시 도시계획조례 제19조 (허가를 받지 아니하여도 되는 경미한 행위) ⑦

토지이용계획 열람화면 2

1 대상토지의 지목을 알 수가 있다. 대(대지)이면 건축허가만 받으면 건축행위가 가능하지만 이외에 전(밭),답(논), 임야 등이면 개발행위허가(형질변경)의 절차를 걸쳐 건축허가를 득하여야 한다.

2 해당 토지의 면적은 중개인이 사전에 알려주겠지만 직접 확인하지 않고 소유자로부터 구두상 전해 들은 내용을 전달할 수도 있으며, 잘못 알고 있는 경우도 있으므로 확인이 필요하다.

3 개별공시지가를 사전에 꼭 알아야 할 필요는 없지만, 대지가 아닌 밭이나 논 등을 형질변경 할 때에는 전용부담금이 공시지가와 관련이 있으므로 파악해 둘 필요가 있다.

4 가장 중요한 용도지역·지구 등 관련법에 의한 규제사항들이다. 건축행위를 하는데 어떠한 규제가 있는지 몇 평까지 지을 수 있는지(건폐율, 용적률)가 결정되기 때문에 의문되는 사항들은 꼼꼼히 보아야 한다. 용도지역·지구·구역은 별도로 언급하도록 하겠다(집짓기 길잡이 ④).

5 해당 지번 주변의 지적도이다. 먼저 해당 번지의 토지가 어떤 모양인지, 도로에 접해 있는지(맹지 여부)를 판단할 수 있다.

6 유의사항을 종합해 보면 이 시스템의 조회는 모든 내용(규제사항)을 포함하고 있는 것이 아니며, 법적효력이 없다는 고지를 하여 나중에 법적 분쟁이 생기면 책임지지 않겠다는 입장이다. 방문 전 확인용으로만 쓰면 된다. 방문 후 매입 의향이 생기면 그때 해당관청에 방문 후 토지이용계획 확인원 및 지적도를 발급받으면 된다.

7 행위제한 내용들의 법조문을 기술했으며, 파란색 글씨를 클릭하면 자세한 관련 법문을 볼 수 있다.

건축물대장

토지이용규제 정보서비스에서 토지에 대한 정보를 살펴봤다면 토지 위에 건물이 있는 경우는 건축물대장에서 그 건물의 면적은 얼마인지, 언제 지어졌는지, 그리고 구조는 무엇인지 등을 알아볼 수 있다. 건축물대장은 '대한민국 정부 전자민원 포털서비스(www.minwon.go.kr)' 및 '세움터(www.eais.go.kr)'에 접속하여 무료로 발급받거나 열람할 수 있다. 세움터에서는 본인에 한해 현황도 발급이 가능하다(2013년 1월 개시).

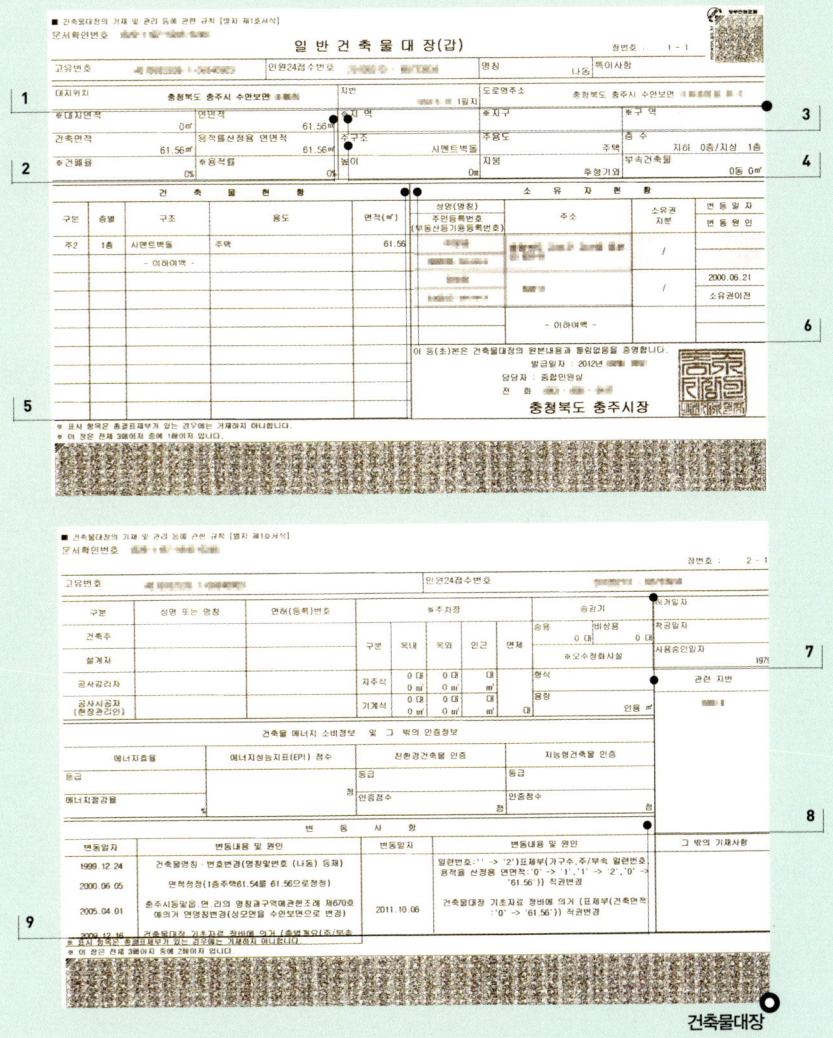

건축물대장

1 해당 건축물의 대지위치이다. 별것 아닐 수 있지만 해당 건물이 두 개 이상의 번지와 관계가 있을 경우는 '○○외 1필지' 식으로 표시되어 있다. 이 부분을 눈여겨 봐야 된다. 관련 필지가 있을 경우는 8에 명기되어 있다. 관련 필지가 있을 경우 위치를 지적도에서 확인해보고 관련 번지까지 매수물건에 포함되는지 확인해야 한다. 또한 해당 건물이 관련 필지가 아닌 타인 소유의 토지를 점유하고 있는 것은 아닌지도 확인할 필요가 있다.

2 해당 건물 관련 대지면적 및 건축면적, 연면적 등이 표시되어 있다. 오래 전에 사용승인된 건물들은 전산화 하는 과정에서 대지면적, 건폐율 등 기입이 누락되어 있는 경우가 많다.

3 해당 건물 관련 지번의 용도지역·지구·구역 등의 표시란이지만 누락되어 있는 경우가 많다. 이 내용은 토지이용규제 정보서비스에서 확인하면 된다.

4 이 항목은 눈여겨 봐야 한다. 건축물의 주요 구조가 무엇인지, 지붕의 구조는 무엇인지 등을 파악할 수 있다. 혹시 매입 후 리모델링이나 철거를 시행할 경우, 주요 구조의 파악이 필요하다. 그리고 지붕이 슬레이트로 표기되어 있는 경우는 철거 시 관련법에서 정한 석면해체·제거업자를 통해 철거해야 하며 비용이 발생한다. 각 지자체마다 지원해주는 금액이 있으니 함께 알아본다.

5 건축물의 현황이 표시되어 있다. 주건축물 및 부속건축물이 있는 경우 그 면적도 각각 명기되어 있다.

6 소유자 현황이 표시되어 있다. 참고일 뿐이고 소유자의 현황은 등기부등본을 통하여 확인하여야 한다.

7 건물의 허가, 착공, 사용승인 일자를 알 수 있다. 오래된 건물의 경우에는 허가 및 착공일자는 누락되어 있는 경우도 있다. 사용승인일을 통하여 건물의 노후화 정도를 판단해 볼 수 있다.

8 관련 지번이 있는 경우 해당란에 명기되어 있다.

9 해당 건물의 변동 사항을 표시하는 란으로 증축 등 건축물의 변동 사항을 알 수 있다.

온나라 부동산정보 통합포털

위의 내용들을 일일이 확인해 보는 것이 시간이 많이 들고 복잡하게 느껴질 수 있다. 그렇다면 국토해양부에서 운영하는 '온나라 부동산정보 통합포털(www.onnara.go.kr)'에서 한 번에 확인할 수 있다.

온나라지도 검색화면

온나라지도 화면이다. 검색필지 대지경계가 빨간색으로 표기된다. 그리고 우측 부동산 정보란에 지목, 면적, 공시지가, 토지이용규제정보 및 건축물정보를 한눈에 볼 수 있다. 그러나 위의 지도를 최대한 확대해도 자세한 식별은 불가능한 점이 아쉽다. 그리고 건축물 정보는 관련 지번이나 이력정보를 볼 수 없다는 점에서 온나라지도 정보만 가지고 판단하기보다는 위에서 언급한 대로 확인한 후 온나라지도에서 추가로 확인할 것을 추천한다.

부동산 개발정보 검색화면

47

STEP 01 농가주택을 알아보다

○ 몇 가지 아쉬움은 있지만 온나라 부동산정보 종합포털에서 확인할 수 있는 정보들은 무궁무진하다. 부동산 개발정보 검색화면에서 시도별 개발정보를 검색하여 주변에 어떠한 개발이 있는지, 있다면 현재 어떤 단계인지도 확인할 수 있다.

그 뿐만 아니라 각종 부동산 통계를 제공하고 부동산 관련 서비스들(**인터넷등기소, 개별공시지가, 매매·전월세 실거래가 등**)이 링크되어 있어서 초보자들이 해당 서비스를 쉽게 찾을 수 있도록 했다.

이외의 각종 보도자료도 게시되어 있다. 시간 날 때마다 한번씩 보면 많은 정보를 얻을 수 있을 것이다.

○ 위에서 언급한 정보들은 모두 무료로 열람할 수 있다. 필자도 무료로 열람가능한 정보만 사전에 습득한다. 처음부터 돈을 들여가며 등기부등본 등을 얻을 필요는 없다. 이런 무료의 사전정보를 가지고 현장 확인 후 마음에 들었을 때, 유료정보들을 확인해도 늦지 않는다.

○ 위에서 언급한 정보만 가지고 매입해도 무방하다고 오해할 수도 있을 것 같아 다시 한번 강조한다. 관련 정보들을 사전에 습득하면 현장을 방문하는데 도움이 된다는 뜻일 뿐이다.

현장 확인은 선택이 아닌 필수 사항이다!

STEP 02
집을 지으려면 무엇이 필요한가

04 집을 짓는 데 돈이 얼마나 들까?

　● 집짓기 길잡이 ②

05 조립식 이중벽체, 바로 이거야!

　● 집짓기 길잡이 ③

04
집을 짓는 데 돈이 얼마나 들까?

아내가 제안한 대로 만약 새로 집을 짓는다면 어느 정도 돈이 필요할까? 우선 크게 토지비, 건축비, 예비비로 나누어 검토를 시작했다.

땅값을 최대한 줄여라

충주지역의 시세를 볼 때, 대지의 경우 평당 30만원 정도로 책정했다. 물론 전이나 답인 땅은 대지보다는 저렴하지만 대지로의 전용을 위한 전용부담금이나 토목공사가 수반될 가능성이 높다. 또 기반시설(**전기, 상수도 및 지하수**)마저 미비하다면 추가금액이 더 든다. 그래서 지목에 관계없이 평당 30만원으로 예상했다. 그럼 '몇 평을 사야 되는가'가 관건이다. 사실 몇 평을 구입해야 하는지가 아니라 '얼마나 작은 땅을 살 수 있을까'가 현상황으로선 맞는 표현이다. 최대한 토지비에서 금액을 줄여야 했다. 100~150평 정도만 매입해도 집짓는 데는 충분하다. 문제는 과연 그 정도에 맞는 땅을 구할 수 있을지다. 만약 구할 수만 있다면 토지비는 4,500만원 정도에서 해결될 것 같다.

조립식주택을 전제한 건축비

건축비 검토를 위해선 어떤 구조방식을 선택할 것인가에 대한 결정이 우선이다. 전원주택 구조방식으로는 목조, 경량형 강철골조(스틸하우스), 조적조, 철근콘크리트조 그리고 조립식(샌드위치패널)주택 등을 들 수 있다. 물론 내외장 마감재의 차이, 내부 구조, 공정 등에 따라 단가 차이가 나겠지만, 조립식주택을 제외한 나머지 구조방식의 주택들은 기본적으로 평당 400만원은 든다. 어느 정도 금액이 소요될 지 가늠해보니 결론은 당연히 '조립식주택'이었다. 다른 선택의 여지가 없다.

이제 '조립식주택은 과연 평당 얼마나 돈이 들어갈까?'로 관심이 좁혀졌다. 몇 시간이고 인터넷을 검색해 봤지만 가격대는 천차만별이다. 평당 200만원이면 된다는 업체부터 여러 등급을 나누어 평당 250만원, 280만원, 300만원대의 가격을 제시하는 시공업체도 보였다.

중요한 것은 각 금액대별 공사 범위를 정확하게 알 수 없다는 점이다. 일단 짓기로 결정한 것도 아닌 검토 단계이니 평균금액인 평당 260만원 정도로 책정했다. 지어질 집의 규모는 대략 25평 안팎이면 충분하니까 순수 건축비는 6,500만원선으로 예상하였다.

만만치 않은 예비비

토지비와 건축비 외에 예비비도 필요하다. 토지 측량도 해야 하고, 토지를 매입하고 주택을 지은 후에는 취득세와 등록세, 등기비도 내야 한다. 더욱이 이사비용에 집을 비워줄 날짜가 촉박하기 때문에 완공까지 이삿짐을 보관할 비용까지도 감안해야 한다. 이 뿐만이 아니다. 설계사무소에 설계를 의뢰하고 인허가 받는 데도 비용은 발생한다. 도대체 어디까지 생각해야 할지 감이 잡히질 않았다.

그냥 건축비의 15%인 대략 1,000만원으로 책정했다. 이런 식의 예비비 검토가 타당한 것인가 의문스럽다. 그도 그럴 수 밖에, 집을 지어 봤어야 알지….
여하튼 각각의 예상비용을 합산해보니 1억2,000만원이라는 계산이 나온다. 구미 집을 판 돈 5,000만원, 우리 부부가 가지고 있는 돈 5,000만원 이외에 추가 대출 없이는 부족할 것이라고 어림짐작은 했었다. 그래도 2,000만원이면 대출로 감내할 만한 금액이라는 생각이 들었다. 물론 앞서 항목별로 예상한 금액이 실현 가능하다는 전제 하에서다.

그래, 한번 해보는 거야!

이렇게 얼렁뚱땅 검토한 내용을 가지고 아내와 상의를 했다.
"그 정도면 해볼 만하네~."
아내는 부모님께 집을 지어드리자는 마음엔 변함이 없는 듯 단호한 말을 남기고, 태어난 지 5개월 된 아들을 재우러 총총히 방으로 들어갔다.
나는 고민에 빠졌고, 여러 구름풍선이 떠오르기 시작했다.
'정말 집사람 말대로 집을 지어도 될까? 이후에 우리 부부는 급등하는 전세값과 육아비로 허덕일 게 뻔히 보이는데….'
'아들 입장에서 부모님이 그리시던 고향에서 흙 밟으며 여생을 보내시게 할 수 있다면, 자식도리를 그나마 한 셈 아니겠어?'
생각은 허리를 잘리고, 또 다른 생각이 계속 이어졌다.
아무리 부부라 해도 마음속 깊은 부분을 헤집고 들어가 물어볼 수 없는 노릇이다. 아내가 먼저 제안했지만, 쉽사리 좋다고 하기에는 정말 미안했다. 게다가 처갓집 상황도 그리 좋지만은 않았다. 막내처남은 고3 수험생이고, 성적도 우수한 의대 지망생이다. 장인어른 역시 곧 퇴직을 앞두고 계셨기 때문에 처남 대학 학비에 적잖이 부담을 느끼실 것이 분명했다.
그즈음 나는 '고요산혈증'에 의한 통풍으로 발목관절에 간헐적인 통증을 겪고 있었다. 금주령이 내려진 상황이었는데, 덧없이 켜놓은 TV에서 흘러나온 맥주광고에 참을 수가 없었다. 조용히 맥주 두어 캔을 사다가 순식간에 마셔

버렸다. 그리고 앉아있으니 괜한 눈물이 흘러내렸다. 기복이 심했던 과거 집안 사정에 공연스레 부모님이 원망스러웠고, 집사람한테도 면목이 없었다.

'내가 왜 이렇게 초라해 보이지? 정말 열심히 살아왔는데, 주변을 돌아보면 잘난 것도 나아진 것도 없잖아. 적은 돈은 아니지만 그깟 몇 천 만원이 사람을 이렇게 힘들게 할 줄이야.'

그래도 다행인 건 착한 아내가 옆에 있음에 마음을 다잡고 술기운을 빌어 잠이 들었다.

다음날 아침, 머리는 무거웠지만 마음은 한결 가벼웠다. 곰곰이 다시 생각해 보았다. 재차 생각해 본다는 것 자체가 '그래, 어디 한번 해보자' 라는 마음을 꿈틀거리게 한 것 같다. 비장한 마음으로 아내에게 다시 물었다.

"당신이 제안한 거 변함없는 거지?"

"응. 늦었어, 빨리 출근해."

일상처럼 대수롭지 않게 받아들이는 집사람은 확신에 차 있었다.

'그래, 그렇다면 일단 해보는 거야!'

부모님을 만나 뵈었다. "이번 기회에 아예 집을 새로 짓고 이사하는 게 어떠시냐?"며 운을 띄우고 앞으로의 계획을 상세하게 말씀드렸다. 한참을 들으시던 부모님 얼굴에 걱정스러운 표정이 역력했다.

"고맙다, 아들아. 하지만 마음으로만 받겠다. 그렇게까지 너희들 힘들게 해가면서 집을 짓고 싶지는 않으니, 앞서 본 집을 고쳐 살란다."

마음속으로 이미 결정한 필자는 계속 고집을 부렸다.

"이번에는 그냥 제 말씀에 따라 주세요, 저도 한참을 고민해 내린 결정이에요."

아울러 부모님께 마음속에 있는 이야기를 꺼냈다.

"땅은 집사람 명의로 할게요."

땅문서에 이름 석 자 올려봤자 크게 달라지는 건 없겠지만, 그래도 내가 아내를 위해 해줄 수 있는 것은 현재로선 이것뿐이었다.

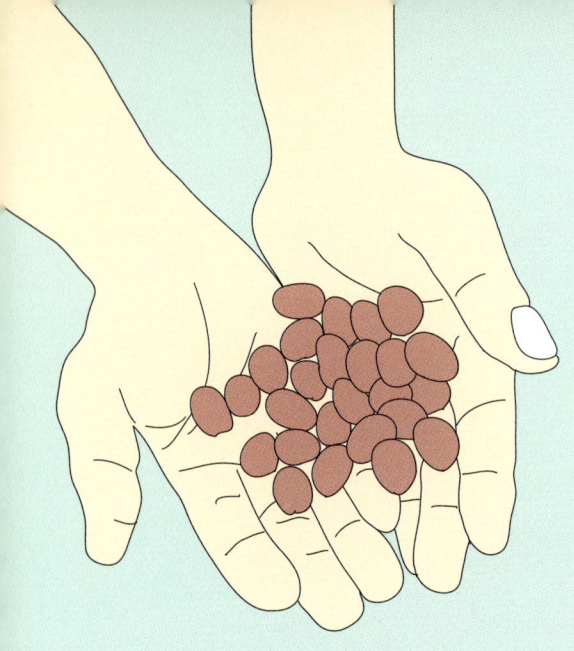

집짓기 길잡이 ②

진행단계별 비용 예측하기

필자도 땅을 사고 집을 지어 본 경험이 없어 필요자금 검토를 심도 있게 하지 못했다. 이번 길잡이에서 자세히 알아보도록 하자.

먼저 땅을 매입하는 과정에서 준공, 입주까지 어떤 절차로 진행되는지 도표로 전체적인 과정을 살펴보고 각 과정별로 발생할 수 있는 비용들을 검토해 보자.

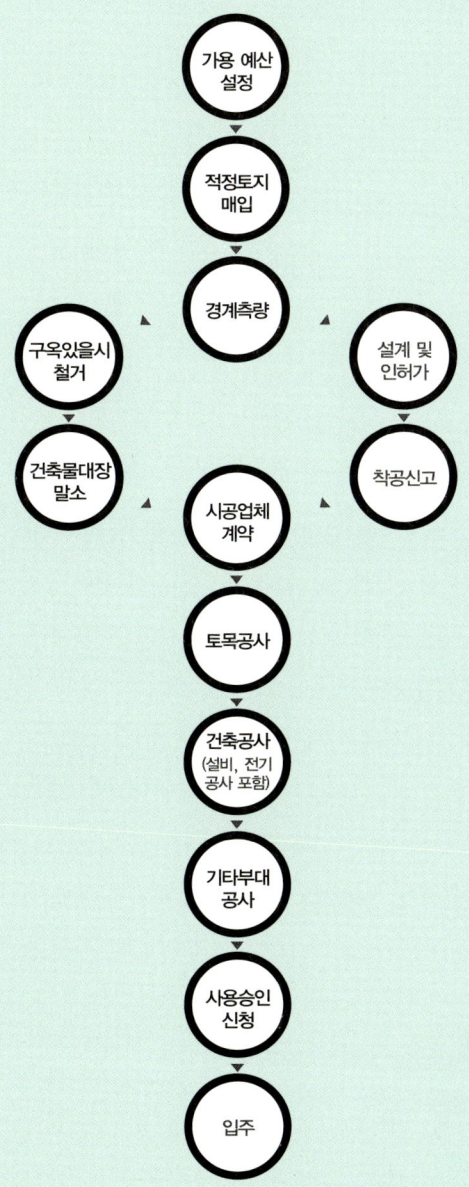

가용예산 설정

얼마의 자금을 유용할 수 있는지 결정하는 단계이다. 물론 예산 부족의 이유로 이 단계에서 포기하는 경우가 많다. 그러나 꼭 집을 지을 계획이라면 한번에 건물까지 짓지 않아도 괜찮다. 먼저 토지만 매입한 후 자금의 여유가 생기면 그때 건물을 지어도 늦지 않다. 토지 매입 후 설계의 시간도 충분히 갖고 설계의 적정성도 여러 차례 검토하는 것이 좋다. 공사 시작 후 변경사항이 발생해 공사가 지연되거나 공사비가 상승하는 문제점들을 사전에 검토해 예방할 수 있다.

적정 토지 매입

가용예산을 설정하였으면 토지를 매입해야 한다. 토지 매입단계에서는 토지비용과 부동산 중계비용 그리고 토지 등기(취등록세 포함)비용만 발생하지만 이 단계에서 확인할 사항들이 많다. 그리고 이 부분들은 이후 과정에서 추가비용 발생 여부에 가장 큰 요인이 되기 때문에 꼼꼼하게 체크해 봐야 한다.

먼저 매입할 토지의 지목이 무엇인지 여부를 확인한다. 대지라면 상관없겠지만 전이나 답 등의 지목이라면 이후에 전용허가를 받아야 하기 때문에 토목설계비용 및 전용부담금이 발생하게 된다. 그리고 토지 매입 시에는 꼭 현장을 방문하여 추후 공사를 진행할 때 토목공사가 필요한지 여부와, 필요하다면 대략 얼마의 견적이 필요한지를 파악해야 한다. 일반인들은 공사비 유추가 쉽지 않으니 현장 방문 시 사진을 찍어 인근의 토목업체를 방문해 구두로 질의하여도 대략의 금액은 알 수 있다. 그리고 상수도 인입비용(불가능할 경우 지하수 개발비용), 전기 인입 가능 여부(인근 전봇대와의 거리) 등을 파악해야 한다.

이처럼 토지 매입 시에 여러 가지가 검토되어야 추후 비용 발생 여부와 토지비용의 적정성을 판단할 수 있다. 대지라도 토목비용이 과도하게 발생하거나 전기 인입을 위해 많은 비용이 예상되고, 구옥 철거에 과도한 비용이 예상된다면 토지 매입비용의 절충이 필요할 것이다.

경계측량

매입 후에는 인근 토지와의 경계와 땅 모양을 정확히 알기 위해 경계측량을 한다. 추후 분쟁 발생 여부의 소지를 없애기 위해 측량 시 인근 토지 소유자들의 입회 하에 실시한다.

측량비용은 대한지적공사 홈페이지(www.kcsc.or.kr)에 접속하여 사업안내 ▶ 지적측량 ▶ 지적측량수수료에서 확인할 수 있다. 공시지가 등에 따라 다르며 대략 40만~80만원 정도라 생각하면 무난하다.

기존 건축물 철거(건축물대장 말소)

토지를 매입하고 종전에 있던 구옥을 철거해야 할 경우가 있다. 물론 토지매매계약서 작성 시 기존 소유자가 철거 후 매도하는 조건으로 계약서를 작성할 수도 있다. 그러나 실비 이상의 비용을 토지매매대금에 포함시키려 할 수 있으니 가격을 절충하여 매수 후 철거하는 것이 좋을 수도 있다. 또한 지붕이 슬레이트라면 관련법에 의해 석면 해제·제거업자에 의해 철거해야 하기 때문에 그 비용도 고려해야 한다. 석면은 발암물질로 정부에서도 철거에 지원을 한다고 하니 해당관청에 방문하여 지원 가능 여부를 확인해 보자.

설계 및 인허가, 착공신고

토지를 매입했다면 그 토지 위에 어떤 건물을 어떻게 배치할지 설계해야 한다. 설계비용은 지목변경 및 토목설계가 필요 없는 경우에는 건축설계비용만 발생하지만 전용허가 및 토목설계가 필요하다면 추가비용이 발생한다. 대상 토지가 농지(전·답)의 경우에는 농지법에 의해 농지보전부담금을 납부하여야 한다. 농지보전부담금은 전용하고자 하는 면적(m^2)에 공시지가의 30%를 납부하면 된다. 다만, 공시지가의 30% 금액이 $1m^2$ 당 5만원을 초과하면 최고 5만원까지만 부과한다.

대상 토지가 임야라면 산지관리법에 의해 대체산림자원조성비를 납부하여야

○ 한다. 단위면적당 금액은 산림청장이 매년 결정·고시한다. 2011년 고시금액을 보면 준보전산지 2,560원/㎡, 보전산지 3,320원/㎡, 산지전용제한지역 5,120원/㎡이다. 해당 금액에 개발하고자 하는 면적을 곱하여 산출하게 된다. 건축·토목설계·인허가대행비용은 지역·사무소마다 차이가 나겠지만 건축설계비용은 건축신고 건에 대하여 건축법시행규칙 개정으로 건축신고 제출도면이 강화되어 대략 250만~350만원, 토목설계비용은 건별 200만~300만원 정도 예상하면 된다. 인허가가 완료되면 착공신고서도 제출하여 공사 준비를 마친다. 설계·인허가·착공신고·사용검사신청의 제반 행정처리 등을 위 금액에 설계사무소에 일괄 처리 위탁하면 된다.

○ **토목·건축공사**

착공신고까지 마쳤으면 웬만큼 공사 준비가 된 것이다. 사전에 설계사무소에서 설계도면을 수령해 시공업체에게 견적을 요청한다. 물론 최저금액을 제시
○ 하는 업체와 공사를 하면 되겠지만 '견적금액에 모두 다 포함되겠지'라고 생각하면 나중에 낭패를 볼 수도 있다. 견적을 받으면 어디까지 공사에 포함되는지 견적서를 꼼꼼히 따져 봐야 한다. 등기구, 정화조 시공·필증, 가구공사, 데크공사 등이 견적에 포함된 금액인지를 판단하여 계약해야 한다.

부대공사

건축·토목공사 외 취사용 LPG 가스배관 설치 및 가스안전검사 필증 교부, 전기인입비용, 지하수개발비 및 상수도 설치 등은 건축주가 별도로 부담·진행하는 경우가 대부분이다. 그리고 사용승인 신청 시 필요할 경우 현황측량도 해야 한다.
각각 예상 발생비용을 살펴보면,
가스배관 설치 및 검사필증비용 : 30만~50만원

전기인입비용(인근 전신주가 있는 경우) : 40만~50만원
상수도 인입비용 : 거리에 따라 차이가 많이 나겠지만 메인 상수관에서 가까이 있다면 60만~70만원 선에도 가능하다. 그러나 외딴 집이라면 지하수 개발 쪽으로 생각하는 게 비용이 저렴할 수도 있다.
지하수 개발비 : 소공 200만~300만원, 대공 700만~900만원
데크 공사비용 : 40만~60만원/평

준공 및 입주

사용승인 후에는 60일 이내에 건축물에 대한 취등록세 납부 및 등기를 해야 한다. 그리고 이사비용, 이삿짐 보관이 필요할 경우 보관비용 등을 고려해야 한다.

위의 프로세스는 예시일 뿐이며, 요즘은 토지만 매수해 놓으면 그 이후부터 모두 일괄로 대행하여 처리해주는 업체도 있다. 시간 내기 힘든 이들은 이런 업체를 이용하는 것도 효과적일 수 있다.
위에 언급했던 발생 가능한 비용 이외에 개인사정 및 토지현황, 지자체 여건에 따른 추가비용 등을 사전에 검토하여 자금조달에 차질이 생기지 않도록 해야 한다.

05
조립식 이중벽체, 바로 이거야!

오랜 고민 끝에 우리 가족의 '집짓기 프로젝트'는 시작되었다. 조립식주택을 짓기로 결정은 했지만, 사실 정확히 알지는 못했다. 외벽이 샌드위치패널이라는 것만 알고 있었지 구체적으로 구조체는 어떻게 형성되는 건지, 지붕은 어떻게 구성되는지 등은 몰랐다. 게다가 주변에선 "에이, 조립식주택은 겨울에 춥고 여름에 덥다는데, 불도 잘 난다던데, 방음도 안 된다던데…" 하면서 한마디씩 거들고 나섰다. 부모님도 이런저런 말들을 들으셨는지 걱정이 많으셨다. 그래도 마음 한편으론 '건축을 전공한 아들이니 알아서 잘하겠지'라며 믿고 계시는 눈치다.

부모님이 사실 집인데 문제 있는 집을 싸게 지을 수는 없다. 저렴하지만 성능 좋은 집을 지어야만 했다. 물론 어려운 미션이다.

조립식주택에 대한 인식

한 가지 의문이 생겼다. 샌드위치패널 자체가 단열재인데, 도대체 단열에 취약하다는 게 이상했다. '오히려 단열이 더 좋아야 하는데, 왜 취약하다고 하지?'라는 생각에 여기저기 자료를 찾아보기 시작했고, 그 의문은 금세 풀렸다. 저렴한 단가로 대충지어 문제가 생기면 "조립식주택은 원래 그렇고, 그 단가에 무엇을 더 바라냐"고 당당했던 시공자와 "싼 게 그렇지 뭐, 조립식주택은 이 정도 밖에 안 되는구나"라며 위안 삼고 말던 건축주들 때문이었다. 이런 부정적인 인식이 부지불식간에 굳어져 왔던 것이다.

조립식주택의 일반적인 하자 원인은 다른 데 있었다. 패널과 패널이 만나는 접합 부위들이 취약해 냉기가 실내로 유입되어 결로가 생기기 때문이다. 더 심한 경우, 골조 철제 기둥이 실내외에 노출된 상태로 석고보드를 대고 도배지로 마감해 악순환이 반복되는 것이라고 판단되었다. 아래 그림처럼 시공할 경우, 경량철골인 기둥 부위는 단열이 안 된다. 더구나 철골은 열전도율도 높아서 냉기를 고스란히 실내로 전달한다. 열손실은 물론이고 결로가 발생하기 때문에 겨울에 춥고 여름에는 덥다고들 하는 것이다.

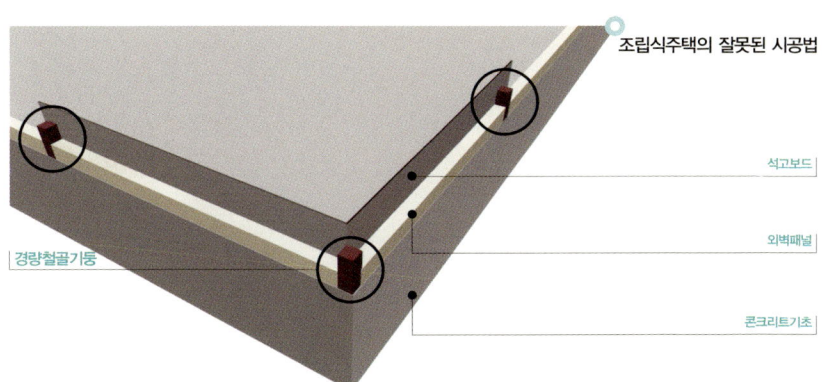

조립식주택의 잘못된 시공법

경량철골기둥
석고보드
외벽패널
콘크리트기초

어느 구조든 마찬가지겠지만, 원칙에 맞춰 제대로만 시공하면 문제가 없다. 조립식주택도 충분히 제 성능을 발휘할 수 있다는 확신을 가지고 집중적으로 자료를 수집했다.

내외벽 모두를 샌드위치패널로

조립식주택을 이중벽체로 시공한 사례가 눈에 띄었다. 그 결과가 기대 이상이라는 시공 후기도 보았다. 물론 시공업자의 글이라 액면 그대로 받아들일 수는 없지만, 골조 안팎에 이중으로 패널을 시공하고 접합 부위를 밀실하게 처리한다면 이론적으로 단열효과를 의심할 여지가 없다. 알아보면 알아볼수록 단열성능이 좋은 조립식주택을 지을 수 있겠다는 확신이 생겼다.

이중벽체의 형태도 생각보다 다양했다. 먼저, 외벽 바깥쪽은 패널로 시공하고 중간에 공기층을 두어 그 안쪽에는 각재로 틀을 짜고 그 위에 일반합판이나 OSB합판(목조주택의 외벽 및 내벽에 쓰임)으로 벽체를 형성하는 방법이다. 시공자들은 최근 유행하는 목조주택 공법과 조합한 하이브리드(Hybrid) 공법임을 강조했다. 또 다른 형태는 외벽의 바깥쪽 패널, 공기층 형성, 각재 틀의 구성까지는 동일하고 각재 틀 사이에 단열재를 넣고 그 위에 일반합판이나 OBS합판으로 시공하는 방법이다.

우선, 전자는 이중벽체의 주목적인 단열성 제고에 부합되지 않았다. 후자의 방법은 분명 단열성은 높여줄 것이다. 다만, 목재틀 형성 후에 단열재를 추가로 설치해, 그 위에 합판으로 시공하는 여러 단계의 공정만큼 자재비와 인건비 상승이 예상된다.

이를 종합하여 판단할 때, 외벽의 바깥쪽과 안쪽 모두 샌드위치패널로 시공하는 것이 가격대비 성능을 높이는 가장 합리적인 방법이라고 판단되었다.

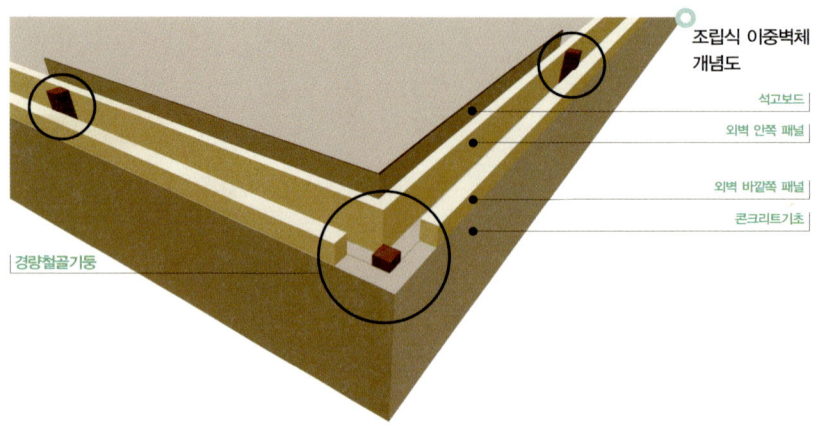

조립식 이중벽체 개념도
- 석고보드
- 외벽 안쪽 패널
- 외벽 바깥쪽 패널
- 콘크리트기초
- 경량철골기둥

물론 주의할 점도 있다. 조립식 이중벽체도 잘못 시공하면 효과가 없기는 매한가지다. 아래에 제시한 두 가지 경우는 모두 이중벽체의 예이다. 이들은 단일 벽체 보다는 단열성능이 좋겠지만, 이중벽체의 제 기능을 기대하기는 어려워 보인다. 경량철골기둥이 실내에 접하거나 외부로 노출되면 열효율이 떨어질 수밖에 없다. 성능을 최대한 구현할 수 있는 공법으로 시공하는 업자를 찾는 것이 다음 과제이다.

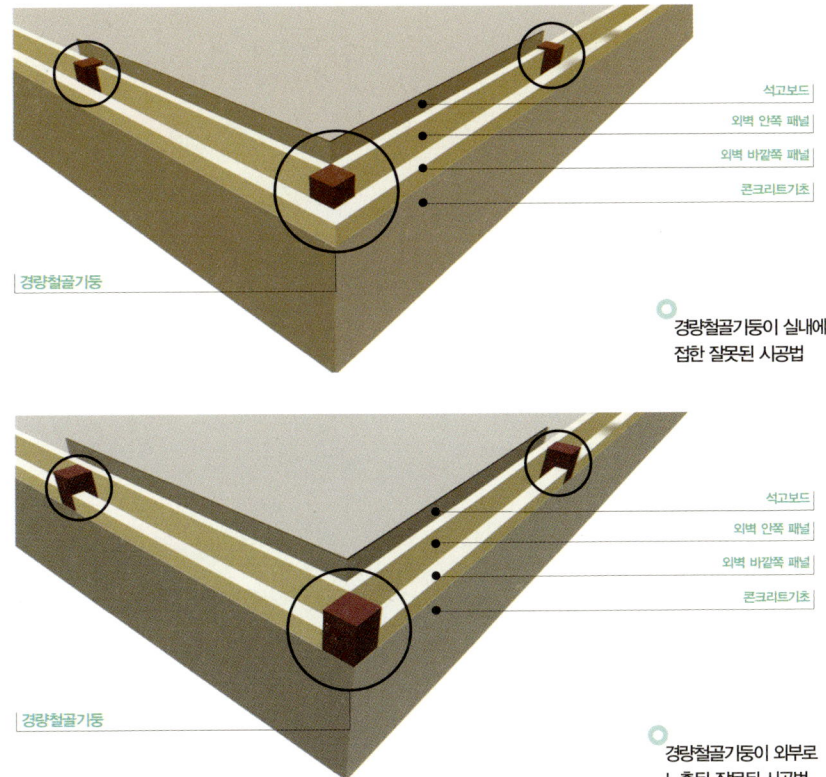

경량철골기둥이 실내에 접한 잘못된 시공법

경량철골기둥이 외부로 노출된 잘못된 시공법

집짓기 길잡이 ③

패시브하우스가 뭐지?!

패시브하우스를 논하기 전에 단열이 얼마나 중요한지를 생각해 보는 것이 먼저다. 단열이 좋지 않으면 결로현상이 생겨 실내에 곰팡이가 발생한다. 엄청난 열손실이 발생하는 것은 더 큰 문제다. 아래 사진은 필자가 회사 창 밖에 재미있는 광경을 발견하여 찍은 사진이다.

열손실 사례를 단적으로 보여주는 옥상

사진을 유심히 보면 건물 상부에 눈이 녹은 형태에 어떤 규칙성이 있다는 점을 금세 알아차릴 수 있을 것이다. 눈이 녹은 부위는 건물 구조체 중 보(Beam)가 지나가는 부위임이 확실하다. 짐작컨대 시공 시 보 부분에 단열재를 누락시킨 것이다. 보가 얼마간 두께가 있으니 괜찮다고 판단한 듯하다. 그러나 콘크리트는 단열재가 아니다. 이 부분을 통하여 열손실이 발생하여 눈이 녹은 것이다. 단열재 시공의 중요성을 깨닫게 해주는 사례이다.

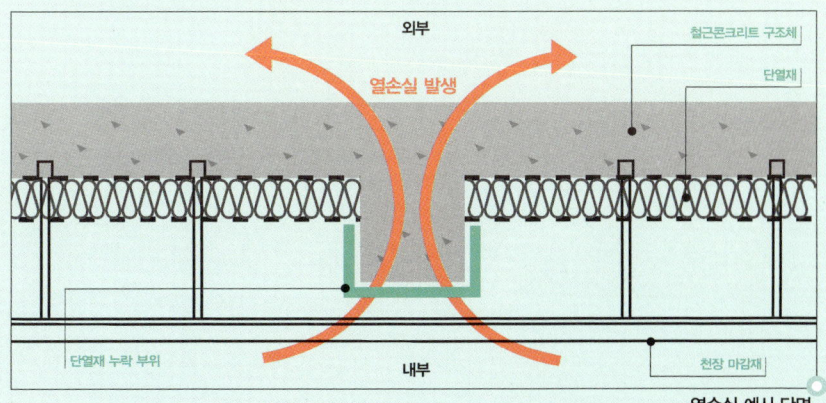

열손실 예시 단면

○ 패시브하우스란 열손실을 최소화한 주택이라고 할 수 있다. 즉 고성능 단열재 및 창호의 사용, 자연복사열 흡수 극대화, 폐열회수용 환기장치 등의 방법으로 실내의 에너지 소비량을 줄인 주택을 말한다. 저탄소 녹색성장이라는 새로운 국가비전과 에너지비용의 증가(유가상승 등)로 요즘 TV나 언론매체에서도 패시브하우스, 저에너지건축이라는 용어가 자주 등장한다.

단독주택 건축을 준비하는 이들이 가장 우려하는 부분도 에너지비용, 그 중에서도 난방비용이다. 때문에 패시브하우스라는 것에 관심을 가지며 각종 건축박람회에 참여한 패시브하우스 관련 업체들을 관심 깊게 살펴보기도 한다. 그러나 곧 일반주택보다 훨씬 비싼 공사비에 관심을 접는다. 하물며 그 단가에 건축하느니 차라리 난방비를 많이 내는 게 낫다는 이들도 있다. 일반 서민들에게 탄소배출량 감소라는 세계적 차원의 의식 운동을 강요하는 데는 아직까
○ 지는 무리가 있어 보인다.

패시브하우스가 수동적인(Passive) 집, 즉 집안의 열이 밖으로 새 나가지 않도록
○ 차단해 화석연료의 사용을 최소화하면서 실내온도를 유지하는 개념이라면 이와 반대로 액티브하우스는 능동적인(Active) 집, 즉 풍력, 태양열, 바이오가스 등을 이용하여 화석연료의 사용을 줄인다는 개념이다. 두 개념 모두 탄소배출량 감소, 에너지비용의 감소라는 목적을 두고 있지만 초기투자비가 많이 든다는 단점 때문에 많은 사람에게 적용하기에는 아직 한계가 있다.

정부에서 태양광주택(가정용 3㎾)이나 지열시스템 보급 등을 목적으로 설치비용의 일부를 지원하고 있지만 초기투자비용 및 유지보수비용의 부담으로 적극적인 설치가 꺼려지는 것도 사실이다.

패시브와 액티브의 개념이 잘 어우러진 한국형 에너지 절감형 주택의 연구와 지원으로 서민들도 적극적으로 저탄소 녹색성장, 온실가스배출 감소의 대열에 참여할 수 있는 기회가 확대되기를 진심으로 기원한다.

STEP 03
집 지을 땅을 찾다

06 이번에는 땅이다
07 마음에 쏙 드는 땅을 발견하다

 집짓기 길잡이 ④

08 맹지인 땅, 계약을 하다
09 산 넘어 산, 이번에는 배수가 문제
10 창고를 빌려 이삿짐을 옮기다
11 측량을 하다

 집짓기 길잡이 ⑤

06
이번에는 땅이다

집을 새로 짓기로 결정한 만큼 이번에는 적당한 땅을 물색했다. 한편으론 정말 괜찮은 농가 매물이 있다면 매수하는 방법도 염두에 두었다. 예산의 폭은 넓어졌으나 시간은 촉박했다. 부동산 중개업소, 충주에 거주하는 친지나 지인들에게 전화를 돌려 괜찮은 땅의 소개를 부탁드렸다. 직장에 몸담고 있으니 주말에 집중적으로 돌아볼 생각이었다.

첫 번째 땅
충주에 거주하시는 작은아버지께 연락이 왔다.
"내 지인이 땅을 내놓았는데, 시간될 때 한번 내려와 보는 게 어떠냐? 충주는 아니고 제천이야."
해당 주소로 지도를 검색해 보니 월악산 유명계곡 근처로 그리 멀지 않았다. 이 계곡은 여름에 사람이 엄청 붐비는데, 여러 차례 여름휴가를 보냈던 곳이다. 계곡을 따라선 펜션 등 각종 숙박시설이 즐비했다. 휴양지라 땅값이 다소 비싼 지역으로 알고 있었는데, 평당 15만원에 매물을 내놓았다니 좀 의아했다. 위성사진으로 확인해 보니 계곡 라인에서 지선으로 빠져 1㎞ 남짓 들어간 위치로 파악되었다.

위성사진으로 위치 확인

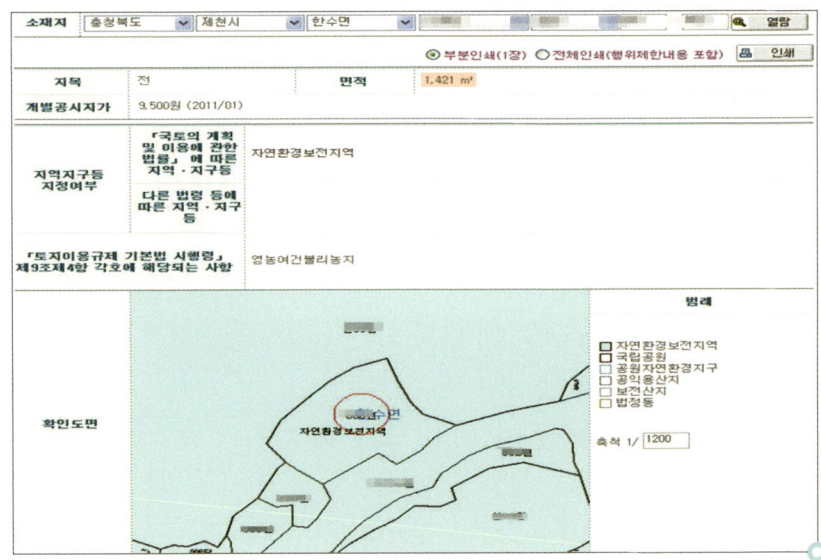

토지이용계획확인원

매물은 1,421㎡(429.85평)와 2,311㎡(699.07평) 두 필지였다. 마음에 드는 한 필지만 구입해도 된다는 조건이다. 예상했던 면적보다 많이 넓은 데다 땅값만 6,450만원과 1억500만원이었다. 예산을 한참이나 초과해 굳이 볼 필요가 없었지만 불현듯 유명계곡 인근이라 펜션을 지어도 괜찮겠다는 생각이 들었다.

펜션을 운영하면서 조금이라도 수익이 생긴다면 대출을 더 받아도 감당이 될 듯 싶었다. 또한 적적한 시골생활에 활력소가 될지도 모르는 일이다.

토지이용계획확인원을 확인해보니 두 필지 모두 '자연환경보전지역'이다. 객실수 7개 이하의 230m²(69.57평) 규모의 단독주택이나 다가구주택을 건축해 실거주하면 민박사업자가 가능한 지역이다.

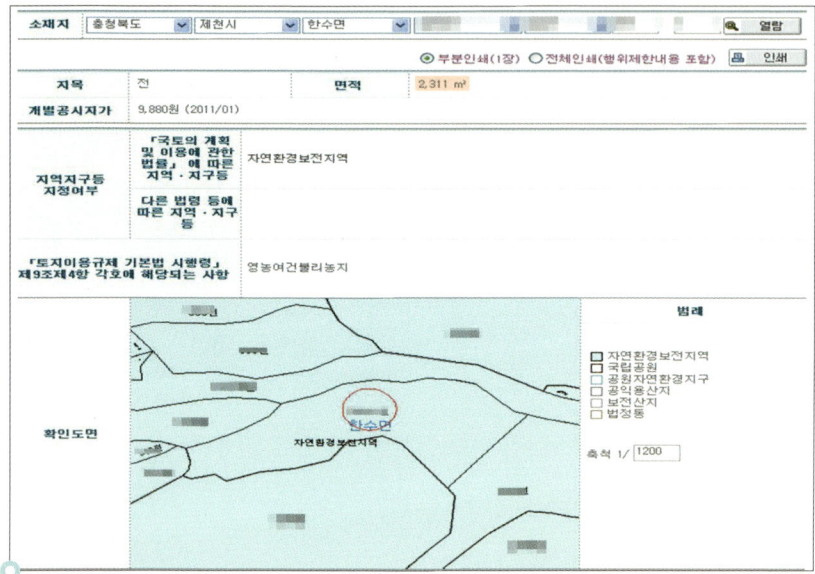
토지이용계획확인원

두 필지의 위치

이쪽 근방을 잘 아시는 외삼촌과 함께 일단 현장을 보기로 했다. 마침 외삼촌의 친구 분이 계곡 인근에 펜션을 운영해 거기도 들려볼 작정이다. 현장을 방문하기 전, 해당 관청의 담당자를 만나 건축 가능 여부부터 물었다.
"건축에 문제는 없습니다. 그런데 너무 안쪽으로 들어간 위치가 아닐까요? 거기가 외져서 당장 공사 차량 진입하기도 쉽지 않을 듯한데…."
면사무소 담당자는 친절한 상담과 함께 의견까지 덧붙여 주었다.

펜션을 저울질하다

현장 인근에 다다르니 계곡을 따라 상수도 인입공사가 한창이었다. 성수기도 아닌데 주변에는 관광버스와 관광객이 꽤나 보였다. 계곡만이 아니라 월악산 등산객들도 많이 오는 듯했다. 계곡으로 이어지는 길의 지선으로 빠져 좁은 도로로 진입했다. 다소 경사가 있는 길을 따라 작은 계곡이 흘렀다. 대략 700~800m 쯤 더 들어가 해당 매물로 추측되는 땅을 찾았다.

진입로

미리 출력해온 위성사진과 대조해보니 해당 토지의 구분이 가능했다. 너무 안쪽으로 들어와 외딴 산속 같은 느낌이 들었다. 두 필지 중 작은 토지는 계곡 건너편이라 다리가 필요했지만, 정남향에 남동쪽으로 월악산이 보여 전망이 좋았다. 다른 넓은 평수의 토지는 형세가 길쭉한 자루 모양을 띠었다. 활용도가 떨어지는 데다 북향이었다. 어차피 평수도 커서 검토 대상에서 제외했다.
너무 외지고 경사도 만만치 않아 처음에는 별로였지만, 전망도 좋고 앞으로 흐르는 계곡도 거의 전용으로 쓸 수 있어 펜션 입지로는 유리한 조건이었다.

다만, 300m 정도의 전기 인입과 다리공사는 불가피해 보였고, 공사차량이 진입할 때 애 좀 먹을 것 같았다.

작은 필지 전경

큰 필지 전경

주변 전망

토지 앞 계곡

현장에서 나와 외삼촌 친구 분이 운영하는 펜션을 방문했다. 계곡 바로 옆에 위치한 펜션은 2층 규모였다. 성수기가 아니다보니 바쁘지는 않은 듯 보였다. 임대료 수준이며, 평균 매출 등 이것저것 여쭤봤다.

"사실, 어느 펜션이나 큰 수익을 바라면 안 돼요. 그리고 생각보다 손이 가는 일이 많아 힘들어요."

깊은 속사정까지 자세하게 답해주면서 "그 땅은 다 좋은데, 지하수가 아마 석회질일 텐데…"라는 새로운 정보도 알려주었다. 석회질이 많은 지하수는 음용수로 활용하기에 적당하지 않다. 물론 정수하는 방법을 자세하게 알아보지 않았고, 지하수를 실제 파봐야 알겠지만 말이다. 계곡을 따라 상수도공사가 진행 중이지만, 해당 토지는 본 라인에서 800m 이상 떨어져 있다. 아마 언젠가는 수도선이 연결되겠지만, 지금 당장 살 집을 지어야 할 상황이기에 딱히 좋은 조건은 아니었다.

펜션에 대한 꿈은 며칠 만에 접었지만, 현장 방문과 주변 탐문의 중요성을 새삼 깨달았다.

두 번째 땅

신니면에 괜찮은 물건이 있다며 부동산 중개업소에서 연락이 왔다. 위치를 파악해 주변을 살펴보니 꽤 쓸 만했다. 문제는 가격이다.

"땅이 계획관리지역에 있어 조건은 좋아요. 대지는 674㎡(**203.88평**)로 집짓기에 충분하고 마당도 넓게 나오고…. 그런데 혹이 하나 있어. 인근 밭(田) 300평까지 묶어서 매수하는 게 조건이에요."

전체 매매가는 7,500만원이 제시되었다. 예상 토지비용에 훌쩍 웃돌지만 사실 평수에 비하면 비싼 편은 아니다.

"저희가 예산도 그렇고, 300평 밭은 필요가 없거든요. 어떻게 집만 지을 수 있는 대지만 살 수 없을까요?"

땅주인이 외지로 나갈 계획이라 한데 묶어서 처분할 수밖에 없단다.

어찌되었든 해당 토지에 대한 정보를 수집하다 건축물대장을 검토했다. 위성 사진으로도 건물이 있음을 확연히 알 수 있었다. 중개사에게 물어보니 세입자가 살고 있으나 팔리면 나갈 계획이란다. 폐가가 아닌 사람이 살고 있는 집이라면, 다시 말해 쓸 만하다는 얘기다.

만약 수리비가 많이 들면 철거해서 예정대로 새로 짓고, 300평 밭은 일단 매입했다가 되팔아도 되겠다는 생각으로 확대되었다.

주변 현황

함께 매물로 나온 밭(田)의 위치

토지이용계획 규제정보 및 지적도

대지에 다다르니 앞에는 밭이, 뒤론 아담한 집이 보였다. 전체적으로는 상태가 그리 나빠 보이지 않았다. 건축물대장에는 목조로 표기되어 있었는데, 외관만으로는 확인할 길이 없었다.

집 면적도 69.9㎡(21.14평)로 작지 않았다. 세입자에게 양해를 구하고 건물 내부도 살펴봤다. 오래된 집답게 여기저기 누수와 결로의 흔적이 있었지만, 최근에 도배를 해서인지 말끔해 보였다. 바로 거주해도 큰 무리가 없을 듯했다.

주택 전경

79
STEP 03 집 지을 땅을 찾다

함께 매물로 나온 밭(田) 전경

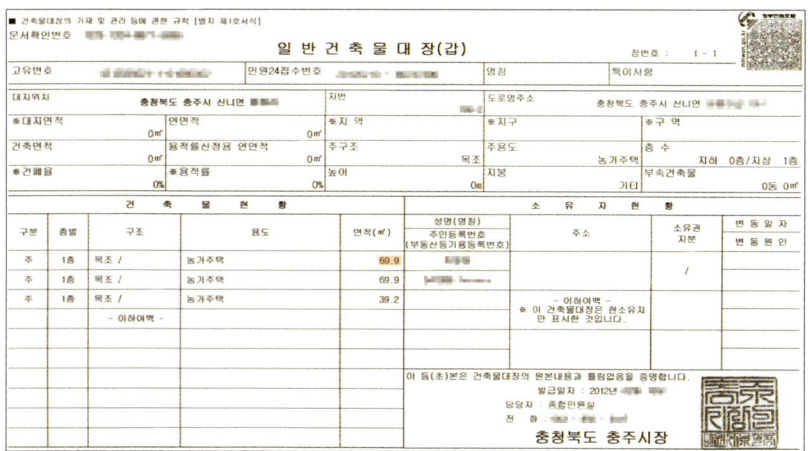

건축물대장

측량을 정확하게 해봐야겠지만, 지적도와 위성사진을 보니 옆집 땅 일부가 넘어와 있는 듯 보였다. 해당 토지가 이웃 땅을 침범해 민원이 발생할 소지가 있는 경우가 아니라 일단 다행이다. 나중에 측량 후 인근 건물 소유주와 협의하면 충분히 해결이 가능할 것이다.

발길을 돌려 매물로 같이 나온 300평 밭으로 갔다. 도보로도 충분히 이동 가능한 거리였다. 별로 크지 않을 것이라 예상했지만, 농작물이 아무 것도 없으니 의외로 넓어 보였다.

여태껏 본 매물 중 가장 마음에 들었다. 잘만 하면 집을 짓지 않고 그냥 살아도 모자람이 없었다. 일단, 마음에 점을 찍어두었다.

07
마음에 쏙 드는 땅을 발견하다

신니면의 매물을 보고 나오는 길에 중개사가 제안을 했다.
"이왕 먼 길 오셨는데, 인근에 괜찮은 물건이 하나 더 있으니까 보고 가시죠. 여기서 얼마 안 돼요. 거기도 계획관리지역이고 대지 491㎡(**148.53평**)에 평당 30만원에 나왔어요."
면적이 적당했다. 토지에 대한 구체적인 정보는 없었지만 지척이라 한번 가보기로 했다. 해당 토지는 신니면의 작은 마을 중간쯤에 위치했다. 외딴집은 무서워서 싫다고 누누이 말씀하시던 어머니는 좋아하실 입지다.
해당 토지 가운데에 빈 집이 한 채 있었다. 규모가 작아서 철거는 힘들지 않겠지만, 지붕이 슬레이트라 비용은 적잖이 예상된다. 지하수가 이미 개발되어 모터만 교체하면 바로 사용이 가능할 것 같았다. 마당 한켠에는 드럼통을 묻은 재래식 화장실도 있었다. 철거 후에 메워버리면 되므로 큰 문제는 아니다. 위치, 규모, 가격 등 골고루 마음에 들었다.

대지 현황

건물 앞뒤 부분의 전경

부지 가운데 집이 있다 보니 땅이 별로 커보이질 않았는데, 도로 쪽과 건물 뒤로 돌아가 보니 공간이 제법 넉넉했다. 만약 빈 집을 철거하고 새집을 도로 반대편에 정남향으로 앉히면 마당도 넓게 쓰고, 텃밭으로도 충분히 활용할 여지가 많았다.

대지 서측 너머로는 구릉지에 조성된 목장이 자리했다. 넓은 초원에 한가하게 풀을 뜯는 소들의 모습이 무척 평안하고 생기가 넘쳤다.

예로부터 어르신들이 계실 집은 해가 기우는 서향이나 물이 있는 곳의 입지를 피했다. 당장 바라볼 때는 아름다워 보일 수도 있으나, 어르신들은 해가 지는 모습을 자신의 나이 듦에 이입해 생각하기 쉽다고 한다. 반면에 이곳 서쪽 전경은 생동감 있어 보여 좋았다.

서쪽에 위치한 목장 전경

더구나 땅 위에 서 있으니 마음이 평온하고 왠지 모를 따듯한 기운이 느껴졌다. 이번엔 정말로, 연이 될 것 같은 강한 느낌이 왔다.

내친 김에 주변까지 둘러봤다. 인근 큰 저수지에서는 낚시를 즐길 수도 있다. 저수지로부터 흘러나온 작은 천 주변이 잘 정비되었고, 자전거도로와 운동시설도 공사 중이라 생활환경도 이만하면 바랄 게 없었다.

천변이 정비된 모습

자전거도로가 조성 중인 주변

다 좋은데, 이번에도 '맹지'

일단 강한 매수 의사로 중개사에게 다짐하고, 다음 주에 다시 방문키로 했다. 집에 올라와 토지이용계획확인원과 위성지도 등을 확인하기 시작했다. 지목이 대지인 상태로 형질변경도 필요 없고, 특별한 규제도 없었다. 필자가 거주하고 있는 수원에서 100km 정도에 약 2.5km 거리에는 면사무소가 소재한다. 충주 도심도 국도를 통해 30분 내외로 진입 가능한 거리였다.

면사무소 소재지와 거리

게다가 평택~제천간 고속도로가 건설 중인데, 약 5.5km 거리에 신니IC가 개설될 예정이라 수도권과의 접근성은 보다 나아질 전망이다.

신니IC와의 거리

다 좋은데, 한 가지 석연치 않은 점을 발견했다. 지적상 도로와의 사이에 69㎡ **(20.87평)**의 작은 땅이 끼어 있는 '맹지'였던 것이다. 같은 땅주인이겠거니 생각했지만 소유자도 달랐다. 부동산 중개사도 잘 모르는 듯했다.

혹시 도로의 일부분인가 싶어 이번에도 위성사진과 지적도를 같은 비율로 겹쳐보았다. 분명히 작은 땅이 도로를 가로막고 있었다. 정말 여기다 확신했던 땅인데, 또 틀어지나 싶었다. 그래도 '뜻이 있는 곳에 길이 있으리라'는 마음으로 주말이 되자마자 득달같이 내려갔다.

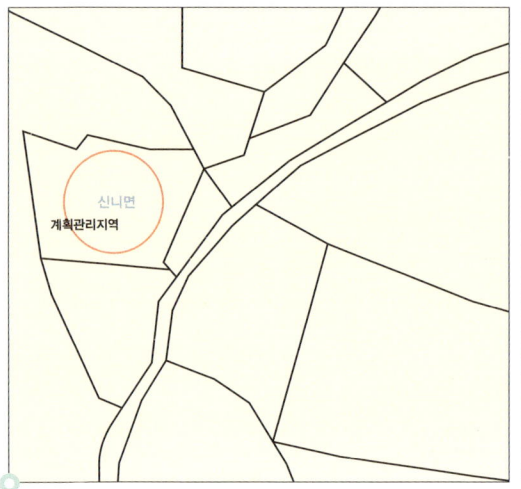
지적도

위성사진

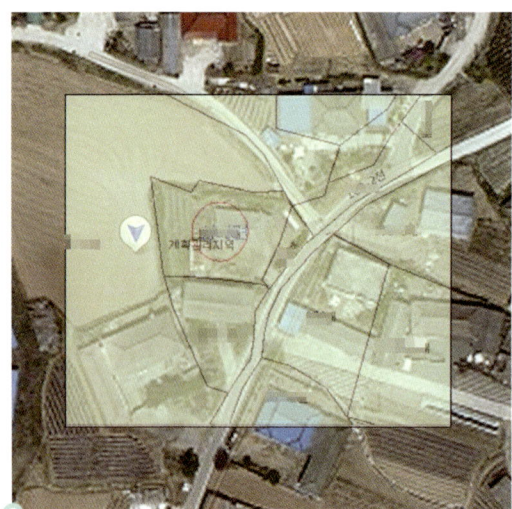
위성사진과 지적도 겹쳐보기

집짓기 길잡이 ④

건폐율과 용적률이란?

건폐율과 용적률이란 단순히 이야기해 해당 토지에 어느 정도 규모의 건물을 지을 수 있는지에 대한 기준이다. 거꾸로 말하면 기존 건물이 토지에 대비해 어느 정도의 규모인지 판단하는 척도이기도 하다.

건폐율
대지면적에 대한 건축면적의 비율이다. 쉽게 표현하면 '위에서 내려다봤을 때 건물이 땅을 얼마나 덮고 있는가' 하는 비율이다. 건물 1층의 바닥면적을 대지면적으로 나누어 백분위(%)로 표시한다.

용적률
대지 위에 건축할 때 대지면적에 대한 그 건축물의 바닥총면적(2층 이상의 건축물일 경우에는 각층의 연면적의 합계, 지하층 면적 제외)의 비율이다. '건물을 얼마나 높게 지을 수 있는가' 하는 대지면적에 대한 비율이다. 지하층을 제외한 각층 면적의 합계를 대지면적으로 나누어 %로 표시한다.

예를 들어 건폐율이 40%, 용적률이 100%까지 허용되는 지구에 토지 100평을 매입했다고 가정해 보자.
건폐율이 40%까지 가능하므로 1층의 면적을 40평까지 지을 수 있고, 용적률이 100%까지 가능하므로 지하층을 제외한 각층면적의 합계가 100평까지 가능하다. 즉 '1층 - 40평, 2층 - 40평, 3층 - 20평' 이런 식으로 지을 수 있는 건물의 규모를 짐작할 수 있다. 물론 층수 제한이나, 일조권, 사선제한 등의 검토를 제외한 경우이다.

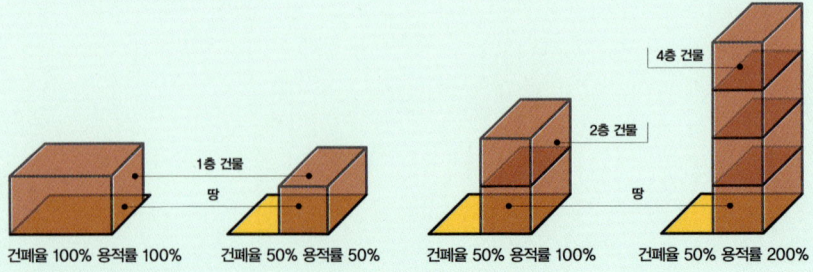

용도지역 · 용도지구 · 용도구역이란?

집짓기 길잡이 ①편에서 토지이용 규제정보 중 용도지역 · 지구 등 관련법들에 의한 규제 사항을 꼼꼼히 확인해야 한다고 언급한 바 있다. 그중에서도 지을 수 있는 건축물의 종류 및 건축물의 규모(건폐율, 용적률)를 결정하는 가장 큰 잣대인 「국토의계획및이용에관한법률」에서 지정하고 있는 용도지역, 용도지구, 용도구역에 대해서 알아보도록 하자.

용도지역

용도지역은 토지의 이용 및 건축물의 용도, 건폐율, 높이 등을 제한함으로써 토지이용의 효율과 공공복리의 증진 도모를 위해 결정한 지역을 말한다.
크게 4개(도시지역, 관리지역, 농림지역, 자연환경보전지역)지역으로 분류되고 그 안에서 21가지로 세분화된다.

용도지구

용도지역의 제한을 강화하거나 완화하여 용도지역의 기능을 증진시키고 미관, 경관, 안정 등을 도모하기 위해 결정하는 지역을 말한다.
경관지구, 미관지구, 고도지구, 방화지구, 방재지구, 보존지구, 시설보호지구, 취락지구, 개발진흥지구, 특정용도제한지구 등으로 구분된다.

용도구역

용도지역 및 용도지구의 제한을 강화하거나 완화하여 난개발의 확산을 미리 차단, 계획적이고 단계적인 토지이용의 종합적 조정과 관리를 위해 결정하는 지역을 말한다. 개발제한구역, 시가화조정구역, 수산자원보호구역, 도시자연공원구역으로 구분된다.
국토의 계획 및 이용에 관한 법률과 시행령의 내용을 정리하여 용도지역 안에서의 건폐율 및 용적률을 정리하면 아래의 표와 같다.

용도지역				건폐율(%) 이하	용적률(%)
도시지역	주거지역	전용주거지역	제1종	50	50이상 100이하
			제2종	50	100이상 150이하
		일반주거지역	제1종	60	100이상 200이하
			제2종	60	150이상 250이하
			제3종	50	200이상 300이하
		준주거지역		70	200이상 500이하
	상업지역	중심상업지역		90	400이상 1,500이하
		일반상업지역		80	300이상 1,300이하
		근린상업지역		70	200이상 900이하
		유통상업지역		80	200이상 1,100이하
	공업지역	전용공업지역		70	150이상 300이하
		일반공업지역		70	200이상 350이하
		준공업지역		70	200이상 400이하
	녹지지역	보전녹지지역		20	50이상 80이하
		생산녹지지역		20	50이상 100이하
		자연녹지지역		20	50이상 100이하
관리지역	보전관리지역			20	50이상 80이하
	생산관리지역			20	50이상 80이하
	계획관리지역			40	50이상 100이하
농림지역	세분되지 않음			20	50이상 80이하
자연환경보전지역	세분되지 않음			20	50이상 80이하

또한 동법 시행령에서 명기되어 있듯이 건폐율 및 용적률은 위 표의 범위 안에서 특별시·광역시·시 또는 군의 도시계획조례가 정하는 비율을 초과해서는 안 된다고 명기되어 있다. 위 표만 확인해서는 안 되고 해당 지자체의 도시계획조례를 확인하면 정확한 건폐율과 용적률을 알 수 있다.

필자가 매입한 토지는 충주시의 계획관리지역이다. 위 표(국토의계획및이용에관한법률)에서 계획관리지역은 건폐율은 40% 이하, 용적률은 50% 이상 100% 이하라고 되어 있다. 그러면 충주시 도시계획조례를 찾아 들어가 정확하게 알아보자. 먼저 충주시청 홈페이지를 접속한다. 〈정보광장 ▶ 생활정보 ▶ 법률검색〉으로 따라 들어가 충주시자치법규시스템 바로가기를 클릭, 혹은 자치법규정보시스템(www.elis.go.kr)으로 접속하여 해당 지자체를 선택하면 해당 지자체의 자치법규를 볼 수 있다.

〈제5편 경제건설국에 제3장 지역개발〉로 따라 들어가면 두 번째 충주시 도시계획조례를 찾을 수 있다. 혹은 검색창에 도시계획조례라고 검색하여 들어가도 된다.

충주시 도시계획조례 제54조 및 59조를 보면 용도지역 안에서의 건폐율, 용적률이 정의되어 있다. 계획관리지역은 건폐율 40% 이하, 용적률 100% 이하라고 명기되어 있음을 알 수 있다. 또한 도시계획조례에는 용도지역 · 지구 안에서 건축할 수 있는 건축물의 종류도 명기되어 있다.

국토의 계획 및 이용에 관한 법률 및 도시계획조례에서 알 수 있듯이 건폐율 · 용적률은 주거지역보다 공업지역 · 상업지역이 훨씬 높다. 또한 도시지역 중 중심상업지구는 건폐율 및 용적률이 가장 크다는 것을 알 수 있다. 이 지역 안에서 지을 수 있는 건축물의 규모가 크다는 것이니 지가가 비싼 것은 당연한 것이다.

전원주택을 지을 토지를 보러 다니다 보면 도시지역 이외의 지구가 대부분일 것이다. 그중 계획관리지역만 건폐율이 40%까지 허용된다. 다른 비도시지역의 토지에 비해 상대적으로 개발 가능성의 여지가 많다고도 볼 수 있다. 건폐율이 높다보니 다른 비도시지역의 용도지역보다 토지가 상대적으로 비싼 편이다. 그렇다고 계획관리지역이 집짓고 살기에 좋은 땅이라는 것은 아니다. 전원주택을 크게 짓지 않고 25평 내외(단독주택 25평은 아파트 32평형의 규모)의 1층 규모로 지을 예정이면 솔직히 건폐율 20%는 큰 제약이 되지 않는다. 대지가 125평만 되어도 25평을 지을 수 있기 때문이다. 물론 대지 이외의 전이나 답을 전용하여 건축할 경우에는 건폐율이 높으면 상대적으로 작은 면적만 전용하여 건축이 가능하니 전용부담금을 줄일 수 있다.

예를 들어, 지목상 500평의 전(田)을 매입하여 그 위에 25평의 단층집을 짓는다면 생산관리지역일 경우는 125평을 농지전용허가를 받아야 하지만 계획관리지역일 경우는 62.5평만 전용허가를 받아도 가능하다는 뜻이다.

법의 검토는 항상 머리 아프고 이해가 잘 안 되지만 어떤 법에서 규정하고 있고 확인할 수 있다는 것만 알아도 큰 도움이 될 것이다. 단, 개인적인 법규 검토는 어디까지나 참고사항일 뿐이다. 매입하고 싶은 토지가 있다면 관할관청에서 토지이용계획확인원과 지적도를 발급받아 담당공무원과 상담을 통하여 원하는 규모, 용도의 건축물이 허가가 가능한지 확인하는 것이 가장 좋은 방법이다.

그 밖에 토지매입 시 검토사항

- 주변 시세보다 현저히 싼 땅은 다 이유가 있다

만약에 내가 토지 소유주라면 제값을 받고 팔고 싶은 것은 당연한 것이다. 그런데 싸게 판다면 그럴만한 이유가 있을 가능성이 높다. 물론 개인적인 여러 사정 등으로 급해서 어쩔 수 없이 저렴하게 내놓는다고는 하지만 그 말을 다 믿을 수는 없다. 물론 확신이 있다면 상관없지만 미처 확인 못한 사항들이 있는지 꼼꼼히 살펴봐야 한다.

- 인근에 혐오시설은 없는지 살펴보자

유해물질을 배출하는 공장이 있는지 확인하자. 유해물질을 배출한 공장 인근 주민이 집단으로 병에 걸리거나 사망하는 경우를 TV프로그램에서 본적이 있다. 물론 다 그런 건 아니지만 인근 하천에 물은 깨끗한지 공장 근처에서 이상한 냄새들은 나지 않는지에 대하여 점검해야 한다. 군부대의 위치도 눈 여겨 본다. 있다면 얼마나 떨어져 있고, 사격훈련으로 인한 소음 등이 발생하지는 않는가 등을 살펴보자.

– 자연재해 발생 여부를 확인해보자
홍수, 산사태 등 자연재해가 발생한 적이 있는지 알아보자. 만약 상습침수구역이라든지, 산사태가 있던 지역이라면 더 이상 알아볼 필요도 없다.

– 인근에 구제역 매몰지가 있는지 알아본다
2010년 11월부터 2011년 4월까지 대한민국은 구제역으로 큰 몸살을 앓았다. 서울, 전라남도, 전라북도 및 제주특별자치도를 제외한 전국에 확산되어 300만 마리 이상의 가축이 살처분되었다. 4,000여 개의 매몰지 중 일부가 지난여름 폭우로 유실되어 정부가 조사와 복구를 시행하였다. 하지만 하천과 지하수 오염의 가능성은 여전히 제기되고 있는 상황이다. 정부에서는 매몰지 정보를 공개하지 않았지만 매몰지 관리 부실에 대한 우려로 네티즌들이 직접 매몰지 지도를 만들어 온라인상에서 돌고 있으니 어느 정도 매몰지 위치는 파악할 수 있다.

– 마을 어르신 및 이장님을 꼭 뵙고 인사를 하자
위의 내용들은 마을 어르신이나 이장님에게 여쭤 봐도 알 수 있다. 그리고 육안 상으로 확인 불가능한 정보들도 취득할 수가 있다. 그리고 추후 건축 시 소음이나 분진 발생 등에 양해를 구할 수 있도록 친분을 유지한다.

– 이 외에도 땅의 모양, 경사도, 향 그리고 교통 등 확인할 부분이 많다
많은 사람들이 고속도로, 복선전철, 인근지역 개발 등 호재로 인한 지가 상승 여부를 궁금해 한다. 그 안에서도 어떤 땅이 좋은 땅인지 찾으려 애쓴다. 물론 필자도 모른다. 만약 알고 있다면 낮에 일하고, 밤에 앉아 책 쓸 시간에 땅을 보러 다녔을 것이다. 필자는 이렇게 말하고 싶다.
내가 살고 싶은 곳이 좋은 땅이라고!

08
맹지인 땅, 계약을 하다

위성사진과 지적도를 겹쳐 놓은 자료와 등기부등본 등을 땅주인에게 보여주며, 현재 땅의 문제점을 지적했다.
"이걸 뭐, 이렇게 봐서 아나? 그동안에 문제 없었어요. 그러니까 평당 30만원 이하로는 절대 못 팝니다."
옆에서 중재를 하던 중개사도 단호하게 되풀이하는 땅주인의 말에 난감한 표정을 지었다. 이대로는 협의가 불가능해 보였다.
결론을 내지 못한 채, 부지를 다시 한 번 둘러 볼 생각으로 차에 올랐다. 인근에 동네 어르신들이 나와 계서 깍듯하게 인사드리고 몇 가지 여쭤 보았다.
"저희 부모님이 오랜 타향살이를 정리하시고, 금번에 고향에 내려와서 사실 생각입니다. 그래서 제가 집을 지어 드리려고 인근에 땅을 알아보고 있어요."
어르신들은 일단 부모님이 동향이라는 말에 호의를 보이면서 이런저런 사정을 말씀해주셨다.
"작년까지 그 집에 어르신이 살다 돌아가셨지, 건강하게 장수하셨어. 거기 장수터야."

"이 마을에 평생 살면서 자연재해 한 번도 안 겪었어, 태풍이 와도 주변 야산으로 이렇게 감싸서 바람도 많이 불지 않아."
지하수가 충분한 지도 물었다.
"여기 물도 깨끗하고, 양도 많아. 젊은이도 오다가다 봤을 테지만, 여기 마을에 상수도공사가 되어 있어도 다들 그냥 지하수를 쓸 정도라니까."
그러고 보니 도로를 재포장한 흔적과 땅 초입까지 인입공사가 되어 있었다. 게다가 지하수도 개발되었고, 상수도를 인입하더라도 얼마 들지 않을 것 같았다. 다만, 집터가 도로보다 낮아 40~50㎝ 정도 성토가 필요해 보였다.

도로에 끼인 땅, 어떡하지?

좋다는 이야기를 자꾸 들으니 마음이 조급해졌다. 도로 사이에 끼어 있는 작은 땅의 소유자도 수소문했다. 동네 어르신은 "그 땅주인은 돌아가셨고, 그 자녀들이 주변 땅들을 상속받아 처분하고 정리했다"는 말을 건네주었다. 순간, 뭔가 잘 풀릴 수 있겠다는 생각이 들었다. 상속받아 처분을 했는데 이 땅을 누락시켰다면, 그 작은 땅[69㎡**(20.87평)**]을 파는 데 꺼려할 이유가 없기 때문이다. 고맙게도 그 장남분의 연락처까지 받았다. 가슴이 두근거렸다. 전화를 걸어 이차저차 사정얘기를 했다. 사실 문제는 가격이었다. 보통 이런 땅의 주인은 턱없이 높은 액수를 부르고, 싫으면 말라는 식으로 대응하기 마련이다. 필자가 예전에 부동산 경매를 공부할 때, 이런 땅은 '매입 1순위'로 배웠다.
매매가를 어느 정도 생각하는지 조심스레 물었다. 긴장되는 순간이었다. 그분은 잠시의 망설임도 없이
"평당 20만원이면 괜찮겠어요?"
뜻밖의 대답에 마음속으론 만세를 불렀다. 필요 서류를 챙겨 다음 주에 만나기로 약속까지 잡았다.
아직 계약이 성사되진 않았지만 유리한 상황임에 틀림없다. 본 땅인 149평 주인도 맹지인 것이 분명한 상황에 평당 30만원을 고집하기는 어렵지 않겠나 하는 생각에 이르렀다.

물론 틀어져서 안 판다고 한다면 작은 땅을 산 것이 무용지물이 될 수도 있겠지만 그리 큰 부담은 아니었다.

잘 풀리는 듯 했지만, 변수도 있었다. 혹여 작은 땅 주인이 평당 20만원에서 가격을 높이고, 본 땅 소유자는 안 판다고 하면 낭패이다. 여하튼 작은 땅은 계약금과 잔금 구분 없이 현장에서 매매대금 모두를 지불해 신속하게 확보할 생각이다.

한 주가 지나 부동산 중개업소에서 작은 땅의 소유자를 만났다. 다행스럽게 평당 20만원에서 가격 변동은 없었다. 땅 면적이 69㎡으로 채 21평이 안 됐지만, 반올림해서 21평으로 계약을 체결하고 그 자리에서 420만원을 지불했다. 인도일도 당일부터로 정하고 법무사에게 일체의 서류를 위임해 등기를 의뢰했다. 일단 한 고비는 넘어섰다.

드디어 집 지을 땅이 생겼다

내려온 김에 큰 땅(149평)의 소유자도 다시 만났다.

"원 참, 평당 30만원에 이 근방에서 이런 땅 쉽게 구할 수 있을 거 같아요? 좋아요, 좋아. 내가 한 발 양보해서 평당 28만원까지는 생각해 볼게."

일단 약간 누그러진 듯한 표정이 팔 생각은 분명해 보였다.

"이왕 좀 더 생각을 해주시죠. 제가 오늘, 이 앞 도로 사이에 낀 작은 땅을 샀습니다. 확인해 보시면 아시겠지만, 평당 20만원에 구매했다니까요."

맹지임과 동시에 시세 차이가 적잖음을 재차 강조하였다. 그러나 땅주인은 완고했다. 의견차가 좁혀지지 않은 상태로 자리를 파했다. 그래도 보다 낮은 매매가로 조정이 가능할 것이라는 확신이 생겼다. 중개사도 원주인에게 맹지인 점을 감안해 좀 더 가격을 낮춰보라고 권해보겠다고 한다.

일주일 후, 중개업소에서 다시 만났다. 확실히 고집스러움이 사그라지기는 했지만, 옥신각신 가격 흥정은 계속되었다. 그리곤 드디어 491㎡(**149평**)를 3,900만원(**평당 26만원 정도**)에 매매하기로 합의했다. 마음 한편으로는 아쉬운 감도 없지 않았지만, 결국 두 개 필지를 합친 560㎡(**169.40평**)를 평당 25만5,000원에

샀으니 그나마 마음에 드는 땅을 저렴하게 손에 쥐게 되었다.

토지 위에 놓인 컨테이너 한 동도 인수받기로 계약서를 작성했다. 계약금 500만원에 잔금은 한 달 뒤(6월 23일)에 치르기로 하고, 당일 땅을 인도 받는 걸로 상호간에 협의해 정했다. 아울러 집 내부에 정리되지 않은 살림살이들은 전날까지 정리하기로 했다.

드디어, 집 지을 땅을 샀다!

09
산 넘어 산, 이번에는 배수가 문제

계약을 마치고 땅 주변을 다시 둘러보았다. 당장 해결할 문제는 대지 내에 있는 농작물이었다. 전면에 감자가, 후면엔 마늘이 심겨져 있었다.
알고 보니 앞집 어르신이 심었던 모양이다. 다행히 잔금 치르기 전인 6월 중순에 수확할 예정이라니 난감한 상황은 면했다.

▸ 전면과 후면에 심겨진 농작물 현황

한 바퀴 둘러보는데, 종전에 안 보이던 물길이 여러 갈래 지나갔다. 처음엔 마늘이랑 감자가 심겨 있어 그러려니 했는데, 물길을 따라 가보니 바로 옆 삼밭에서 물이 흘러나오는 것이 아닌가. 원주인에게 허락을 받은 건지, 아니면 비어 있는 집이라 물길을 터서 흘려보낸 것인지 모르겠지만, 성토하고 집을 지으려면 이대로 둘 수는 없다.

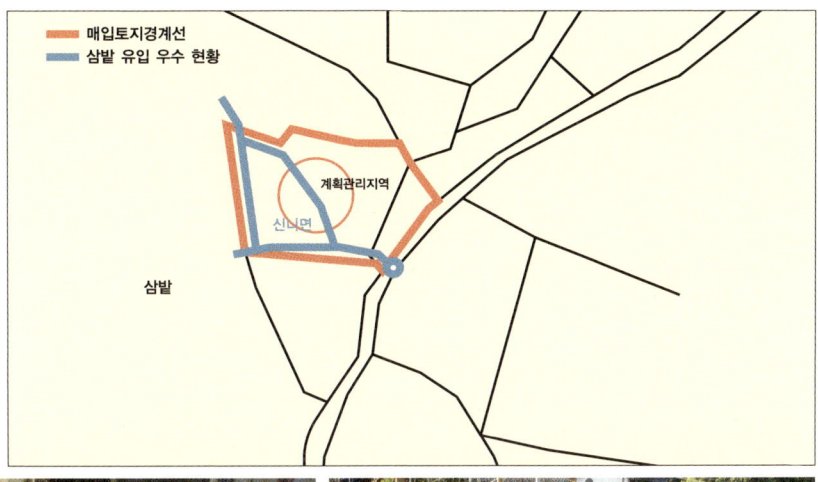

삼밭 유입 우수 현황

적잖은 크기의 맨홀이 필요

앞집 어르신께 삼밭에 대해 여쭤보니 임차인이 따로 있는데, 인삼을 심은 지는 3~4년 정도 되었다고 한다.

일단 어떻게 풀어갈지 아버지와 함께 자세히 둘러보고 해결책을 궁리했다. 물길을 아예 막아 버리면 삼밭에서 물을 빼기가 쉽지 않아 보였다. 어찌되었든 남이 애써 지은 농사를 망치게 할 수는 없는 일이었다.

우리도 집을 지은 후, 마당이나 텃밭에서 나오는 우수를 처리해야 하기 때문에 우수맨홀이 필요할 것으로 판단되었다. 대지 남쪽으로 하향구배를 주어 끝자락에 맨홀을 설치하고 도로 방면의 하수관로에 배관을 연결시키면 될 듯했다. 문제는 삼밭의 물이 함께 유입되면 그 양이 엄청 늘어날 것이 뻔하다. 게다가 토사까지 밀려올 것을 예상하면 맨홀의 크기도 꽤나 커야 할 상황이다.

삼밭 쪽 우수를 대지의 하부 쪽 한 곳으로만 유입시켜 맨홀을 통해 도로의 하수관로로 연결되도록 할 생각이다. 대신 공사비용 부담과 맨홀에 유입된 흙에 대한 관리를 삼밭 측에 책임지우는 방안으로 협의할 작정이다.

공사비용은 콘크리트 기성맨홀(750×750㎜) 3개와 덮개(Grating, 그레이팅) 그리고 500㎜관 약 20m 정도가 필요했다. 인터넷은 물론 인근 자재상에 알아보니 포크레인 장비대를 합쳐 150만원이 넘는 견적이 나왔다. 여기서 인건비는 제외한 금액이다. 그 정도면 적당했다.

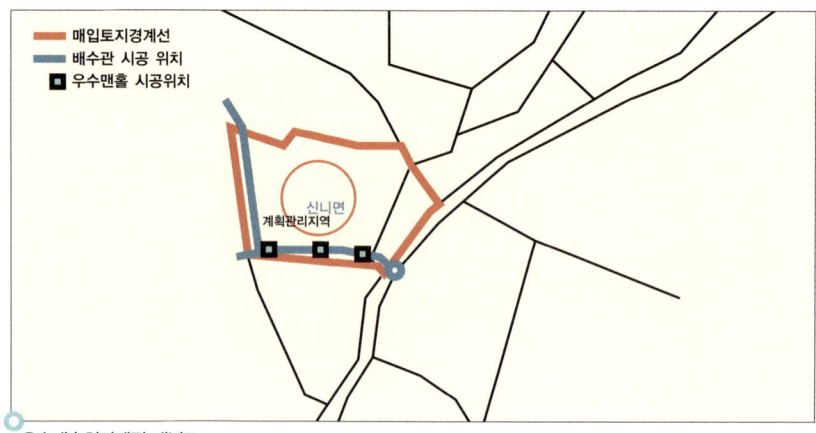

우수배수처리예정 개념도

임대인, 임차인 누구 책임일까?

삼밭 임대인과 통화가 되었다. 땅을 임차한 입장이니 현재 사용하고 있는 임차인과 해결보라는 말이 전부였다. 어쩔 수 없이 이번에는 임차인에게 전화를 걸었다. "아니, 그건 땅주인이 책임져야 할 일 아니냐"며 목소리 톤은 높아지고, 해결 방안에 대해선 들으려고 하지도 않았다. 순간 화가 치밀었다.

"그러면 저도 삼밭으로 옹벽을 칠 수밖에 없어요."

"아니, 그렇게 해서 배수가 원활하지 않으면 인삼이 다 썩는다고요, 임차인이 무슨 죄요?"

배수는 허용할테니 맨홀 공사비용과 토사 관리를 책임지라고 다시 제안했지만, 임차인은 그렇게 할 수 없다는 말만 되풀이 했다.

"임대인과 협의해서 다음 주까지 답을 주지 않으면 옹벽공사를 시작하겠다"고 단호히 얘기했다.

며칠 지나지 않아 삼밭 임대인으로부터 연락이 왔다. 임차인과 무슨 협의를 한 모양이다. 계약기간이 2년 남은 상황이니 임차인으로부터 2년 치 도지(**임차료**)를 미리 받아 150만원을 입금시켜준다는 내용이었다.

임차인에게 괜스레 미안한 생각이 들어 "잘 해결돼서 고맙다. 임대인과 임차인 모두가 서로에게 미루기만 하니 강하게 나갈 수밖에 없었다"라는 말과 함께 전화로 양해를 구했다. 그리고 성토 시 인삼밭 쪽 우수배수로를 정비해 줄 것을 요청하고, 우기 시 맨홀에 유입되는 토사 관리도 부탁했다. 필자가 불리한 상황의 협의가 아니어서 걱정은 안 했지만, 원만하게 일이 잘 풀려 나갔다.

10
창고를 빌려 이삿짐을 옮기다

잔금을 다 치르고 땅을 인도받는 날은 6월 23일이다. 구미 집을 비워줄 날짜는 6월 25일이니 어차피 일정을 맞춰 이사하는 것은 물 건너 간 일이다. 이삿짐을 보관업체에 맡기던지 공사기간 동안 임시라도 거처를 구하든지 해야 할 상황이었다. 짧아도 2~3개월은 소요될 것이 뻔한데, 비용은 물론이고 마땅한 숙소를 구하기도 쉬운 문제는 아니었다.

순간, 매입한 땅 앞에 큰 창고가 있던 것이 생각났다. 처음에는 땅 전면을 가로막아 답답해 보였으나, 한편으론 바람막이가 될 수도 있겠구나 싶었던 창고였다. 무슨 일이 있을 때마다 도움을 주신 앞집 어르신께 여쭤봤다.

"그 창고 주인 양반도 충주 시내에 살고 있는데, 그 창고 비어 둔 지가 꽤 됐지요, 아마 말만 잘하면 그 기간 동안에 빌려 쓸 수 있을 거요."

창고 주인과 약속을 정하고 충주 시내로 알음알음 찾아갔다. 사정 얘기와 함께 임대료를 어느 정도 지불해야 될지도 물었다.

"얼마든지 쓰세요. 그리고 잠시인데, 한 동네에 사실 분들께 사용료를 받겠어요? 그냥 사용하세요."

시원시원한 허락과 함께 친절하게 창고 열쇠를 분실했으니 철거하고 쓰라는 말도 덧붙였다. 그렇게 이삿짐 보관은 해결되었고, 부모님은 필자가 거주하는 수원에서 지내시면 되니 문제가 없었다.

자물쇠 하나를 사가지고 창고에 가서 기존 자물쇠를 떼어내고 문을 열었다. 깨끗하게 비워져 있는 창고는 의외로 컸다. 한쪽에는 플라스틱 팔레트(Palette, 화물운반이나 저장을 하기 위한 받침대)까지 여러 개 보였다. 이삿짐을 보관하기에 더 이상 바랄 게 없는 조건이었다.

창고 전경

성큼 다가온 이삿날

이사날짜가 다가올수록 어머니는 서운한 기색이 역력했다. 20여 년 전, 평생 처음으로 마련하신 집을 떠나게 되니 말이다. 더구나 창틀에 먼지 하나 안 끼도록 닦고 또 닦으며 애지중지 하셨던 집이다.

섭섭하기는 필자도 마찬가지였다. 중고등학생 시절의 추억이 온전히 배어 있는 집으로 먹먹한 마음에 이사 전에 집사람과 함께 내려가 보았다.

집안 구석구석을 사진기에 담았다. 오래된 집이라곤 느낄 수 없을 정도로 깨끗했다. 거실에다 달랑 방 2개, 다섯 식구가 살기에는 좁은 집이었다. 안방은 부모님, 작은 방은 누나, 형과 나는 거실에서 지냈다. 당연히 거실엔 책상 놓을 자리가 모자랐다. 아버지께서 직접 발코니에 마루를 짜신 뒤에야 책상을 놓을 수 있었다. 시험공부 한다고 발코니에서 스탠드를 켜놓고 공부하던 저녁, 잠귀가 밝으신 어머니가 깨실까봐 고양이 걸음으로 다니던 기억, 겨울에 두꺼운 외투까지 껴입고 공부하던 일상 등등…. 이런저런 추억이 머릿속을 스쳐 지나갔다. 그리고, 얼마 지나지 않아 이삿날은 성큼 다가왔다.

이사 당일 비가 내렸다. 출근 때문에 내려가 보지는 못했다. 사실 구미에서 짐을 싸서 충주 창고에 옮기기만 하면 되지만, 신경은 온통 충주에 가 있었다. 이사를 마친 아버지께서 이삿짐을 풀 때, 다행히 비가 그쳐서 물 하나 묻지 않았다고 연락을 주셨다. '하늘도 돕는구나! 비오는 날 이사하면 잘 산다고 하는데, 건강하게 오래오래 사세요'라고 마음속으로 빌었다.

창고에 옮겨 놓은 이삿짐

11
측량을 하다

매입한 두 필지와 도로와의 관계는 물론이고 측면 삼밭과의 경계를 명확히 하기 위해 측량을 하기로 했다.

지적공사 홈페이지에서 합필 후 측량을 하면 비용이 적게 산정됨을 알았다. 시청 종합민원실 지적 담당 직원에게 합필을 신청하고, 합필 확인 후 측량신청을 했다. 측량비 414,700원을 입금하고 나서 측량 날짜까지 받았고, 삼밭 주인에게 측량 당일 참관토록 연락했다. 혹시 후에 생길지도 모르는 분쟁을 사전에 예방하기 위해서다.

측량 결과 북서쪽 모서리는 삼밭 쪽으로 2m 정도 들어가서 표시말뚝이 박혔다. 삼밭이 우리 땅을 일부 점유한 것이다. 북동쪽 표시 말뚝은 도로 중간에 박혔고, 남쪽은 창고라인을 따라서 경계가 형성되었음을 확인했다.

땅의 일부가 삼밭이나 도로에 쓰이는 것에 대한 불만은 없었다. 그리고 분쟁의 빌미가 될 수 있는 것도 말끔히 정리하였기 때문에 측량 결과는 만족이었다.

집짓기 길잡이 ⑤

1평이란 어느 정도의 크기일까?

우리가 흔히 집의 면적을 가늠하는 척도로 '평'이란 단위를 많이 쓴다. 지금은 국제단위계(SI)를 따르기 위해 평 사용을 금지하고 있으나 오랫동안 관행화되어 ㎡로 표현하면 "그럼 몇 평이지?"라고 되묻는다. 지금껏 가봤던 집들의 크기가 평으로 몸에 체화되어 자연스레 평으로 집 크기를 짐작하게 되는 것이다. 그럼 과연 1평이란 어느 정도의 크기를 말하는 것일까?

간단하게 말하면, 성인 한 사람이 대(大)자로 누웠을 때의 크기를 1평이라고 보면 된다. 그럼 정확한 치수로 얘기해 보자.

1치 = 3.0303cm

10치 = 30.303cm = 1자

1치란 3.0303cm이다. '한치 앞도 못 본다'는 속담은 '아주 가까운 거리, 즉 3.0303cm도 못 본다'라는 의미이다. 그럼 우리가 흔히 30cm로 알고 있는 1자란 몇 cm일까? 1자란 10치, 즉 30.303cm이다.

그럼 1평은 성인이 대(大)자로 누웠을 때 6자×6자이며, 181.818cm×181.818cm=3.30578㎡가 되는 것이다. 우리가 웹 포털 등에서 평에 대한 환산기를 실행하면 1평은 3.3058㎡라고 하는 이유가 여기에 있다. 흔히 1평은 3.3㎡라고 알고 있는 것도 소수점 아래 한자리까지만 표기한 것이다.

그럼 여기서 "성인이 대자로 누웠는데 왜 가로세로의 길이가 같아?"라는 반문도 들 것이다. 성인이 팔을 가로로 폈을 때의 길이는 키의 길이와 거의 같다. 직접 한번 측정해 보면 알 수 있을 것이다. 만약 팔을 벌려 측정한 길이가 키보다 짧다면, '나는 팔이 짧은 편이구나'라고 생각하면 된다.

여기서 하나 더, 우리가 32평 아파트라고 하면 그 안에는 주거전용, 주거공용, 기타공용 등의 면적이 포함되어 있다. 즉 32~34평이라고 말하는 아파트들은 주거 전용면적이 대부분 85㎡(**25.7평**) 이하로 거의 같다. 그런데 재미있는 현상이 나타난다. 32평에 사는 사람이 옆 단지 33평에 사는 친구 집에 가서 평수를 묻고 나면 "어쩐지 우리 집보다 커 보인다 했어"라고들 한다. 실내 면적은 같은데 말이다.

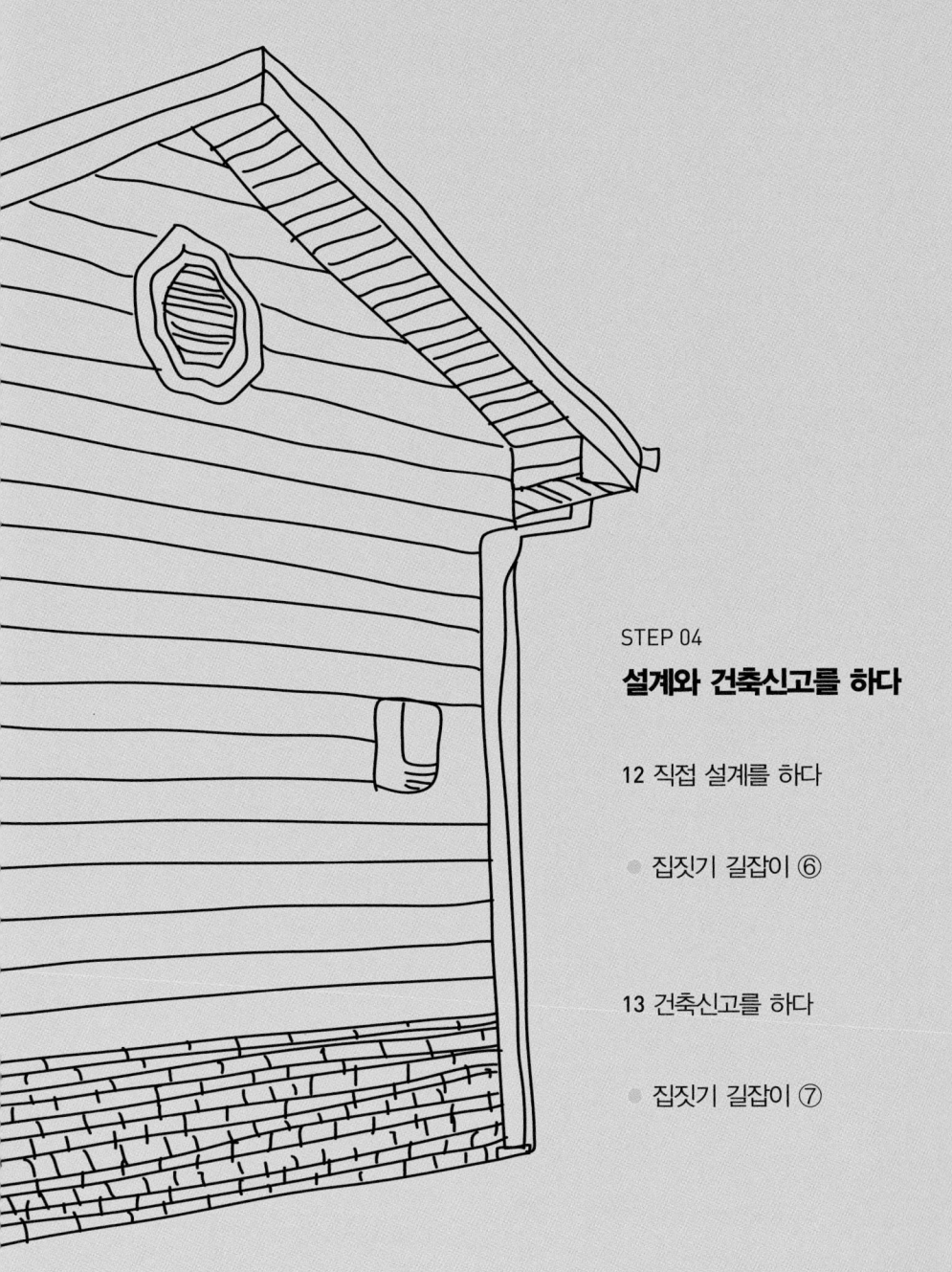

STEP 04
설계와 건축신고를 하다

12 직접 설계를 하다

● 집짓기 길잡이 ⑥

13 건축신고를 하다

● 집짓기 길잡이 ⑦

12
직접 설계를 하다

땅 매입 시점부터 어떤 건물을 지어야 할지 고민이었다. 부모님 의견을 최대한 반영해 설계하기로 마음먹었는데 막막했다. 설계사무소에 의뢰해 볼까도 했지만, 건축신고 건은 금액이 얼마 안 돼 건축주와의 긴밀한 협의가 이루지기가 쉽지 않다. 또한 도면 수정 시 추가비용을 요구하는 설계사무소가 허다하다는 얘기를 심심치 않게 들어왔다. 물론 비용을 충분히 지불할 작정이면 상관 없겠지만, 줄일 수 있는 한 지출을 최소화해야 했다.

결국 직접 설계를 하고 설계사무소에는 인허가 신청용 도면 작성과 인허가 신청, 착공신고, 사용승인처리 등의 행정절차를 일임하기로 작정했다.

전체 규모와 실 개수의 결정

두 분만 거주하실 예정이라 국민주택 규모인 전용면적 85m²**(25.7평)** 이하**(아파트 33평형)** 크기에 방 2개, 거실, 욕실 1개면 각 실을 넉넉하게 쓸 수 있으리라 기준을 정했다. 일단 부모님이 어느 정도의 규모와 실 구성**(방 개수 및 욕실수 등)**을 희망하는지 물었다.

"그래도 명절에 다 모이면 불편하지 않게 묵고 갈 방은 넉넉해야지. 게다가 욕실도 2개는 있어야 하지 않을까?"

부모님의 바람대로 방 3개, 욕실 2개, 거실, 다용도실로 구성하면 당초 예상과 달리 각 실을 여유 있게 분배할 수 없는 상황이 된다. 아파트는 발코니와 같은 서비스 면적에 다용도실, 보일러실이 배치되지만 주택은 전용면적 안에 이를 다 포함시켜야 한다. 때문에 실의 구성과 배치를 유기적으로 해서 데드스페이스(Dead space, 쓸모없는 공간)를 최소화하고 각 실을 적절한 면적으로 설계해야 하는 상황이었다. 물론 전체 면적을 키울 수도 있겠지만 면적이 커질수록 공사비도 늘어난다. 자금이 부족한 상황에서 그렇게 할 수는 없었다.

각 실의 크기 검토

부모님 의견을 최대한 수렴해 전체면적(평형)에 각 실의 개수와 실의 성격을 정했다. 이제는 각 실 배치와 사이즈를 도면으로 구체화하면 된다. 입체적인 감이 잘 안 들어 각 공간의 크기를 가늠할 척도가 필요했다. 일단 줄자와 수첩을 가지고 다니며, 필요한 치수들을 메모하고 그때그때 필요한 그림을 그리기 시작했다. 얼마든지 볼 수 있는 필자의 집(전용면적 59㎡, 구 24평형)과 처갓집(전용면적 84㎡, 구 33평형) 도면을 부동산 정보사이트에서 참고하여 각 실의 크기를 검토했다.

휴대하고 다닌 줄자와 수첩

STEP 04 설계와 건축신고를 하다

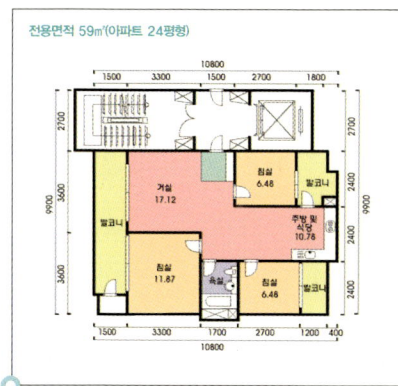

샘플 평면 검토

두 개의 도면과 줄자를 가지고 다니면서 측정한 치수들을 참고해 각 실의 크기를 결정해 나가면서 평면 작업 시 반영키로 했다.

실 구분		한변의 길이(mm)
거실		3,900~4,500
안방		3,600~4,200
작은방		2,700~3,300
현관		1,500~2,000
화장실 (욕조 설치할 경우)	짧은 변	1,800 이상
	긴 변	2,100 이상
화장실 (샤워기만 설치할 경우)	짧은 변	1,600 이상
	긴 변	2,100 이상

사용빈도를 감안해 안방과 거실을 넉넉하게, 나머지 방 2개는 다소 작게 구성했다. 욕실은 거실에서 출입할 수 있는 공용욕실과 안방에서 출입할 수 있는 부부욕실 2개를 배치하였다. 공용욕실에는 어머니가 욕조 설치를 원하셔서 세면기, 변기 등과의 배열을 고려해 짧은 변과 긴 변의 최소치수를 결정했다. 반면 부부욕실은 욕조 없이 샤워기만 설치하면 되므로 짧은 변의 길이는 변기와 욕실문의 간섭이 없도록 최소치수를 정했다.

주방은 현재 보유한 양문형 냉장고와 김치냉장고의 크기를 반영해 설계하되, 불가피할 경우엔 다용도실에 김치냉장고를 배치할 작정이다. 다용도실은 김치냉장고와 세탁기, 보일러의 설치를 고려해 면적을 결정했다. 현관도 한쪽 면에 신발장이 들어갈 수 있도록 면적을 할당할 생각이다.

실내동선 검토

실내는 거실과 주방이 중심이 되도록 배치하고 안방에 욕실이 있으니 공용욕실은 작은 방 2개에 인접해 동선이 짧도록 계획했다. 특히 주의한 점은 현관에 들어섰을 때, 주방이 바로 들여다보이지 않도록 한 것이다.
거실과 주방은 오픈 형태로 연결해 주방에서 조리를 하면서도 의사소통이 이뤄질 수 있도록 했다. 다용도실은 주방과 출입이 용이하고, 다용도실을 통해 뒷마당으로 출입하도록 별도의 문을 배치하였다.

현관문 위치와 현관 처마 길이 확보

현관문 위치는 어느 한쪽에 치우쳐 동선이 길어지는 것을 방지하기 위해 적절하게 배치했다. 현관 앞에 섰을 때, 우산을 접거나 펼 수 있는 공간은 물론이고 현관문을 열었을 때 비에 젖지 않을 정도의 공간을 확보했다. 지붕을 별도로 두는 방법도 있으나 비용도 상승하고, 오히려 집의 미관을 해칠 수도 있겠다는 생각이 들었다. 현관문을 옆쪽 벽체에서 400~500㎜ 정도 들어가게 형성하면 처마길이와 합쳐져 1m 정도의 공간은 무난하게 확보할 수 있을 것이다.

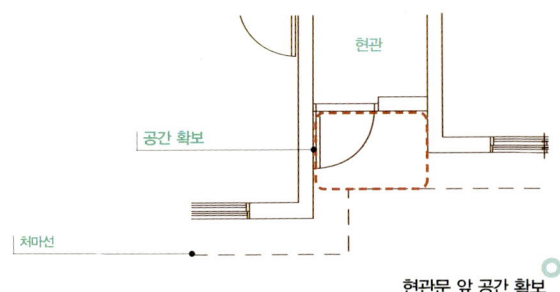

현관문 앞 공간 확보

지붕 형태를 고려한 평면 구성

모든 방이 남향을 향하면 더 없이 좋을 것이다. 문제는 건물이 좌우로 길어진다는 점이다. 또한 외기에 면하는 면적이 넓어져 단열이 취약해질 수 있어 방 하나는 뒷면에 배치했다.

도로가 대지 우측에 위치한다. 도로에서 봤을 때 답답하지 않도록 좌측에 작은 방 2개, 우측에 안방을 배치해 개방적이면서 안정감 있도록 계획했다. 지붕 모양의 형태도 평면 작업 단계부터 신경을 썼다. 평면 작업 시 지붕 모양을 감안하지 않으면 나중에 지붕이 형성된 후, 건물 외관을 망칠 수도 있기 때문이다.

뒷마당까지 감안한 평면 완성

대지 서측과 북측은 밭으로 둘러싸였는데, 인삼밭으로 인해 외부로부터의 시각적 차단 효과가 있다. 또한 인근 주택과 도로와 적정한 거리를 유지해 지형상 아늑한 느낌이 든다.

건물 전면에 데크를 두면 외부 활동에 요긴하게 활용할 수 있을 것이다. 다만, 가족들끼리 외부에서 담소를 나누거나 바비큐 파티를 할 경우에는 외부 시선을 막아주는 공간이 필요했다. 한여름의 햇빛을 피하기에도 건물에 가려진 북쪽이 남쪽보다 훨씬 유리하다. 서쪽과 북쪽은 밭이 감싸주니 뒷마당을 형성하기에 더 없이 좋은 조건이었다.

건물을 북서쪽으로 붙인다면 뒷마당을 살리기 힘들어져 어떻게 하면 포근함을 느낄 수 있는 공간으로 이끌어 낼 것인가가 핵심이었다. 건물을 남향으로 앉히지 않고 남동향으로 틀면 뒷마당을 확보하기가 한결 나을 것이다. 그러나 삼각형 공간이 생겨 토지 활용도가 떨어지고, 채광시간도 짧아질 것이 분명했다. 고민 끝에 건물 향은 남향으로 두고, 배면 일부를 단을 지게 꺾으면 뒷마당의 아늑한 공간을 적정하게 확보할 수 있으리라 판단되었다.

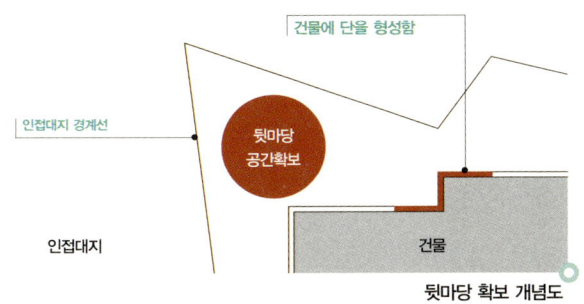

뒷마당 확보 개념도

여러 조건들과 정립한 개념들을 바탕으로 퇴근 후 보름 정도를 꼬박 평면 그리기에 몰두했다. 하나를 만족하면 또 다른 하나가 걸림돌이 되었지만, 그렇다고 어느 한 쪽을 포기할 순 없었다. 한번 지으면 평생을 함께해야 할 주택이기에 더욱 그러했다. 수십 차례의 수정과 보완을 거쳐 드디어 평면이 완성되었다.

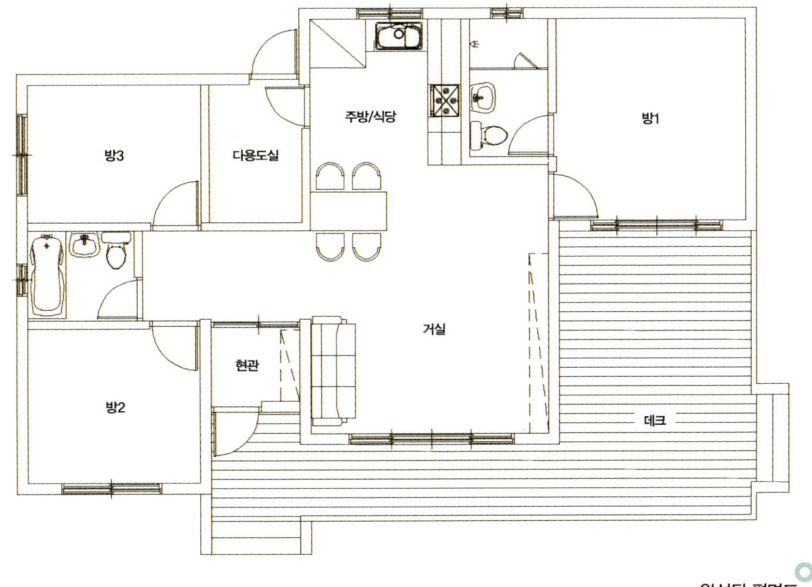

완성된 평면도

물론 100% 만족스럽지는 않았지만 염두에 둔 규모 안에서 최대한 요소를 반영하였다. 다만, 소파 놓을 자리 뒷벽이 3인용 소파를 놓기에는 다소 짧아 보여 답답해 보일 수도 있었다. 대신 식탁을 놓을 자리까지 거실 천장고를 높게 설정해 시각적으로 보완하면 될 것이다. 추후 시공업체 결정 후 견적 의뢰 시 반영할 부분이다. 또한 예상보다 주방이 좁은 편이지만 김치냉장고를 다용도실로 빼면 사용에 불편함은 없을 것 같았다.

건물 배치의 검토

평면 구성에 이어 배치를 검토했다. 사실 평면구성 전부터 위치 및 향 등을 고려했던 사항이다. 이를 더 세부적으로 뒷마당의 적정 크기 확보와 기타 공간의 활용을 위해 건물 위치를 잡아 나갔다.

건물이 단지는 부분과 꺾이는 토지경계선이 맞닿는 지점을 1m, 1.5m, 2m 세 가지 안으로 현장에서 실측 후 위치를 결정하기로 했다. 실을 띄워본 결과, 해당 지점의 거리를 1.5m 정도 두면 건물 앞마당은 물론 텃밭, 뒷마당의 공간 확보가 적절하게 배분되었다.

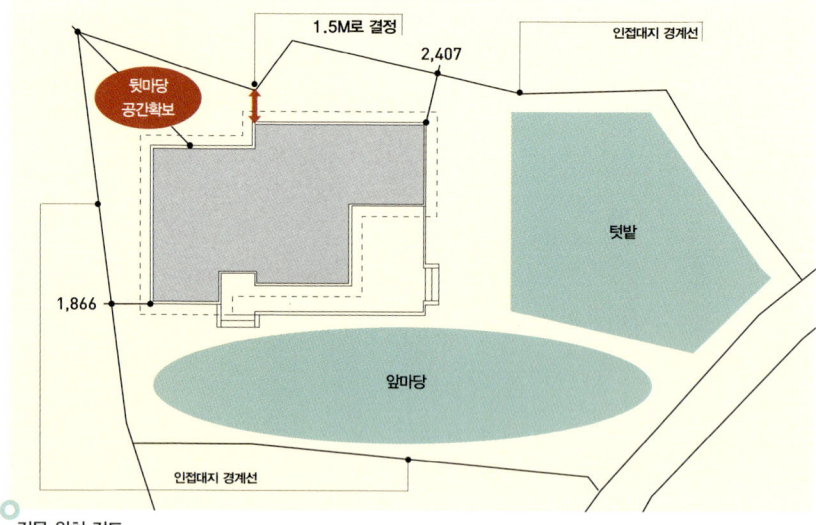

건물 위치 검토

박공지붕 형태로의 결정 과정

평면이 완성된 만큼 지붕 형태의 구상이 이어졌다. 아버지는 "평슬래브 지붕으로 하면 옥상도 활용하고, 후에 증축을 하기에도 유리할 것"이라고 말씀하셨다. 그러나 내 생각은 좀 달랐다.

"어차피 계획관리지역이라 건폐율도 40%이기 때문에 증축을 굳이 2층으로 하지 않아도 돼요. 그리고 뭐, 더 증축할 일도 없을 것 같고요. 평슬래브는 주기적으로 방수공사를 해야 되고, 혹여나 누수가 발생하면 실내 보수하는 것도 만만치 않아요."

아버지를 설득해 경사지붕으로 결정했다. 건축 형태나 자재는 그 시대의 트렌드가 있기 마련이다. 현재의 지붕 트렌드는 평지붕이 아니고 경사지붕이다. 더구나 누수 염려가 적고 외관에도 좋다.

중요한 건 경사지붕의 형태 구성이다. 물론 평면 작업을 할 때, 어느 정도 구상해 두었지만, 결정할 사항들의 검토와 공사 의뢰를 위해서는 실제안을 보여줘야 했다. 서투른 솜씨지만 계획한 요소들의 효과적인 결정을 위해 박스 형태로 지붕을 형성해 보기로 했다.

평면 구조에 따른 지붕 형태 외에 전체적인 비례감과 물매에 따른 지붕 미관도 주요 검토대상이다. 그 기준은 바로 거실 전면에 삼각지붕의 형성 여부에 달려 있다. 박스 형태로 두 가지 지붕을 그려보니 답이 나왔다.

거실 전면에 삼각지붕을 형성하지 않으면 확실히 허전해 보였다. 거실 전면 삼각지붕을 두되 좌측 방 2개가 배치된 앞부분의 삼각지붕보다는 작아야 한다. 도로 쪽에서 봤을 때 거실 전면 삼각지붕이 앞쪽에 위치해 양쪽 삼각지붕의 크기가 비슷하면 비례감이 안 맞아 보이기 쉽다.

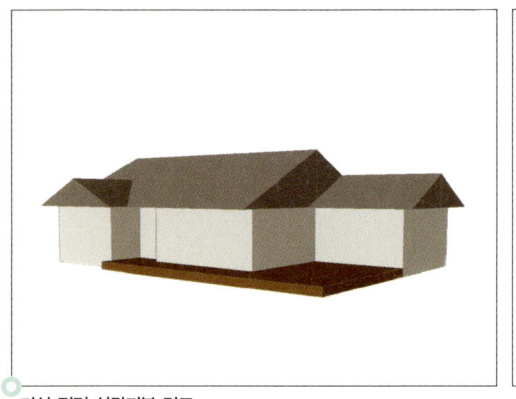 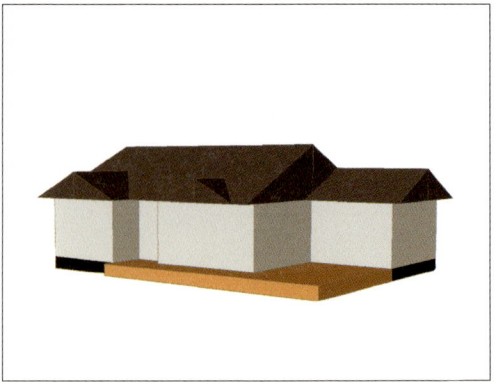

거실 전면 삼각지붕 검토

건물 배면의 지붕 형태

뒷마당 확보를 위해 건물 후면에 단을 두었다. 여기에 맞춰 지붕 형태도 단을 지게 할지 아니면 일자로 형성한 후 기초타설을 그 부분까지 살려 테라스처럼 구성할지도 검토하였다.

일자로 형성한다면 처마 길이가 1,700㎜까지 길어져 구조적 문제뿐만 아니라 배면(뒷부분)의 형태도 단조로워진다.

배면의 꺾이는 부위에 대한 검토

지붕 경사도 결정

지붕 형태는 윤곽이 잡혔고, 이젠 지붕 경사도(물매)를 어느 정도 할지에 대한 결정만 남았다. 지붕 경사가 급할수록 지붕이 커져 웅장해 보이겠지만, 어디까지나 전체적인 어울림을 고려해서 결정해야 한다.

경사가 급하다고 모든 형태에서 미관이 나아지는 것은 아니다. 더욱이 급한 경사도에서는 작업 효율이 떨어지고 안전사고의 위험도 크다. 반면 경사가 너무 완만해도 집이 전체적으로 조화롭지 못하고 볼품없어 보이기 때문에 적절한 각도를 정해야 한다.

세 가지 경사도를 검토했다. 첫째, 완만한 1/3 물매(33.3% 경사도, 각도로 환산하면 18.26°)이다. 그 이하의 물매는 너무 완만해 검토 대상에서 제외하였다. 둘째, 1/2 물매(50% 경사도, 각도로 환산하면 26.57°)로 가장 많이 쓰는 물매이다. 마지막으로 2/3 물매(67% 경사도, 각도로 환산하면 33.82°)이다. 약간 경사가 급하다보니 작업이 어렵지만 지붕이 웅장해 보인다. 세 가지 중, 밋밋해 보이는 1/3 물매를 제외하고 1/2 물매와 2/3 물매를 비교해 보았다. 2/3 물매는 경사가 급한 만큼 보다 집이 커 보였지만 전체적인 구도에서는 뭔가 부자연스러워 보였다. 1/2 물매가 이 집의 형태에서는 가장 적합하다는 결론을 냈다.

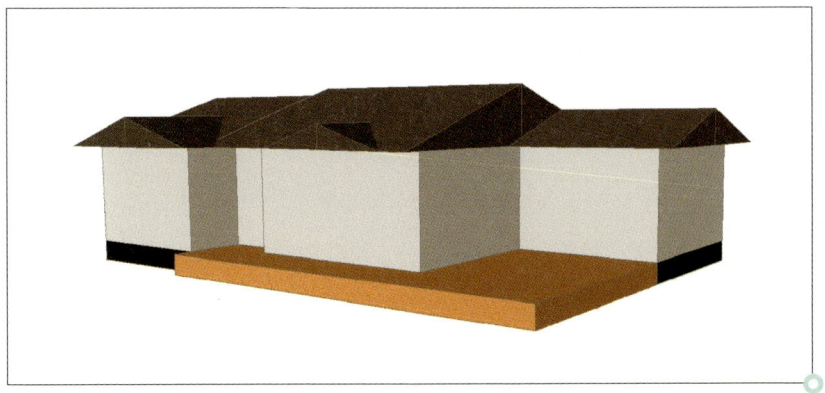

1/3 지붕물매(33% 경사도, 18.26°)

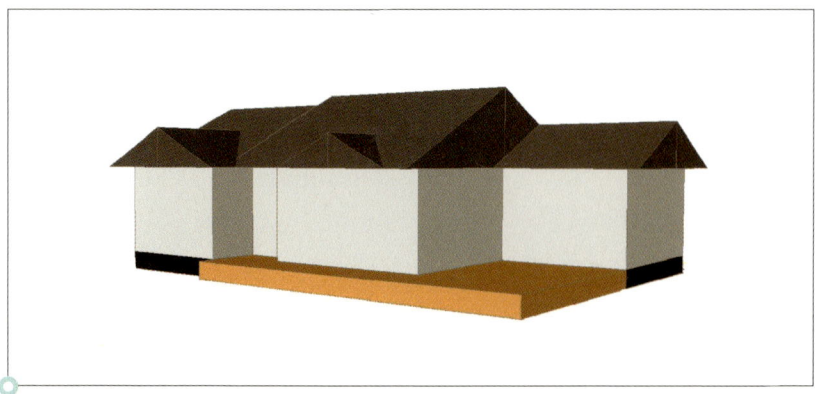

1/2 지붕물매(50% 경사도, 26.57°)

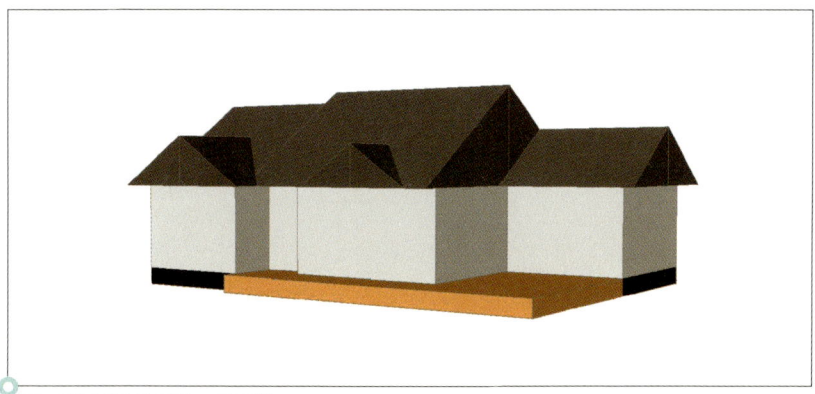

2/3 지붕물매(67% 경사도, 33.82°)

지붕의 최종 형태

오랜 동안 잠을 설쳐가며 밤늦게까지 그렸던 작업이었다. 비록 어설픈 박스 형태였지만 지붕의 여러 변수를 감안해 형태를 결정하는 데 도움이 되었다. 그런 보람이 있었던 덕에 결코 시간이 아깝지 않았다.

이로써 설계는 끝났다. 앞으로 지어질 건물이 기대되고 설레기 시작했다.

지붕 평면도

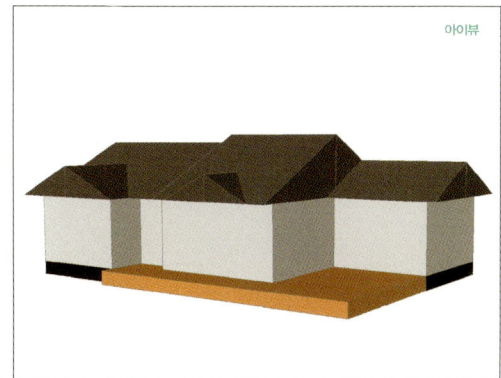
아이뷰

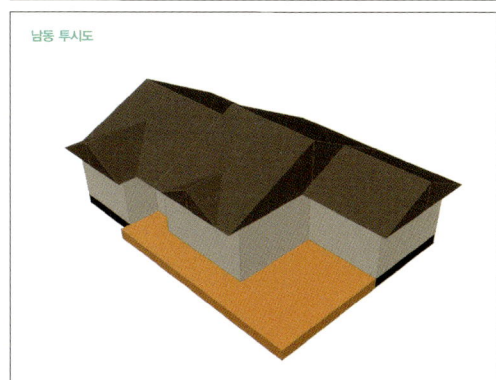
남동 투시도

남서 투시도

북동 투시도

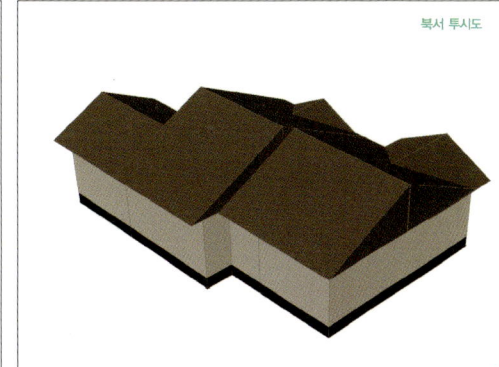
북서 투시도

최종 지붕 형태

STEP 04 설계와 건축신고를 하다

집짓기 길잡이 ⑥

지붕물매가 얼마지?

지붕경사가 어느 정도인지 판단할 때 흔히들 "물매가 얼마지?"라는 말을 쓴다. 그럼 물매(Slope)란 무엇일까? 물매란 지붕이나 비탈길의 경사진 정도로 수평 길이에 대한 수직 길이의 비율이다.

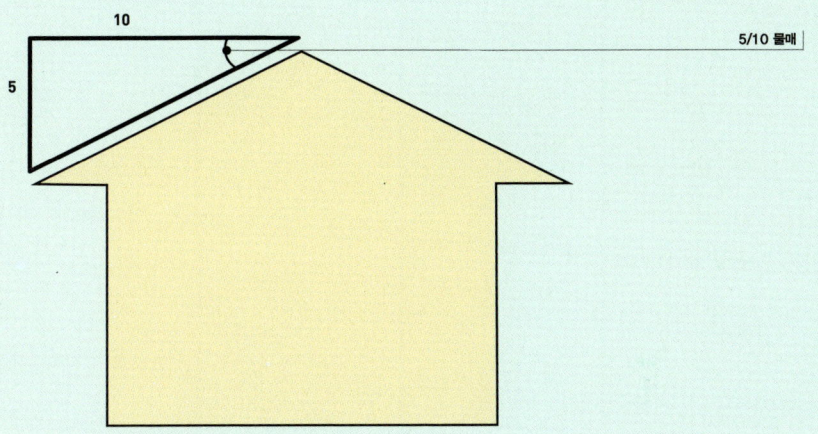

그럼 100% 경사도는 얼마의 물매이며 각도로는 몇 도일까?

100% 경사는 10/10×100=100%이므로 물매로는 10/10이고 45°의 각도가 된다. 사람들에게 "100% 경사도는 몇 도이지?"라고 물으면 순간 당황하며 "90°?"라고 대답하는 사람들도 많다. 100% 경사도는 45°임을 명심하자.

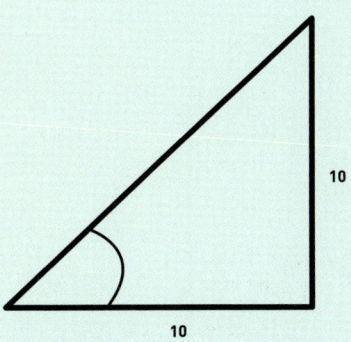

10/10 물매
10/10×100=100%
45°

경사도(%)를 각도로 환산하면 어떻게 되는지 아래 표에서 알아보자.

경사도(%)	각도(°)	경사도(%)	각도(°)	경사도(%)	각도(°)	경사도(%)	각도(°)
1	0.57	26	14.57	51	27.02	76	37.23
2	1.15	27	15.11	52	27.47	77	37.60
3	1.72	28	15.64	53	27.92	78	37.95
4	2.29	29	16.17	54	28.37	79	38.31
5	2.86	30	16.70	55	28.81	80	38.66
6	3.43	31	17.22	56	29.95	81	39.01
7	4.00	32	17.74	57	29.68	82	39.35
8	4.57	33	18.26	58	30.11	83	39.69
9	5.14	34	18.78	59	30.54	84	40.03
10	5.71	35	19.29	60	30.96	85	40.36
11	6.28	36	19.80	61	31.38	86	40.70
12	6.84	37	20.30	62	31.80	87	41.02
13	7.41	38	20.81	63	32.21	88	41.35
14	7.97	39	21.31	64	32.62	89	41.67
15	8.53	40	21.80	65	33.02	90	41.99
16	9.09	41	22.29	66	33.42	91	42.30
17	9.65	42	22.78	67	33.82	92	42.61
18	10.20	43	23.27	68	34.22	93	42.92
19	10.76	44	23.75	69	34.61	94	43.23
20	11.31	45	24.23	70	34.99	95	43.53
21	11.86	46	24.70	71	35.37	96	43.83
22	12.41	47	25.17	72	35.75	97	44.13
23	12.95	48	25.64	73	36.13	98	44.42
24	13.50	49	26.10	74	36.50	99	44.71
25	14.04	50	26.57	75	36.87	100	45.00

필자가 지붕의 물매를 얼마로 하는 게 좋을지 판단할 때 3가지(33, 50, 67%)로 검토했었다. 혹자들은 지붕의 물매가 클수록(경사가 급할수록) 집의 모양이 웅장하며 멋있다는 이들도 있지만, 그건 어디까지나 집의 전체적인 형태와 연관지어 판단해야 할 문제임을 잊지 말자.

13
건축신고를 하다

설계는 땅을 매입할 시점에 시작해 토지를 인도 받기 전에 완료하였다. 처음 계획했던 대로 설계사무소에 건축신고를 의뢰하는 일만 남았다.

충주시청 앞에는 많은 설계사무소들이 있는데, 사전에 전화로 몇 군데 약속을 정하고 주말에 방문했다. 건축신고 건은 통상 150만원 정도의 비용을 요구했다. 예상했던 금액이지만 설계를 이미 완료한 점은 견적에 반영되지 않은 듯했다. 그 중 한 설계사무소에서 100만원을 제시해 바로 계약을 하고, 인허가 신청용 도면 작성을 요청했다.

며칠 후 완료된 인허가 신청용 평면도와 배치도를 메일을 통해 보내왔다. 재차 확인해 설계사무소에 건축신고를 진행토록 하였다.

●

건축법시행규칙 개정으로 강화된 건축신고

한참이나 연락이 없어 설계사무소로 전화를 걸었다.

"문제가 생겨 아직 건축신고 신청을 못했어요. 이번 6월 29일(2011년)자로 건축법 시행규칙이 개정되었는데, 건축신고 건에 대한 제출 도면이 강화되었습니다. 기존에는 평면도와 배치도만 제출하면 되었는데, 이제는 추가로 입면도와 단면도, 실내마감도까지 제출해야 하기 때문에 추가로 작업 중이에요."

원칙적으로는 설계비용을 더 지불해야 할 상황이었다.

"작성도면 분량이 늘어났기 때문에 250만~300만원 정도는 받아야 됩니다. 그러나 이전에 계약을 했고, 법령 개정을 미리 알고도 고지 못한 잘못도 있으니 종전 계약대로 진행할게요."

얼마 후 건축신고 신청이 완료되었고, 그 다음날로 건축신고가 처리되었다는 해당관청으로부터의 연락도 받았다. 아울러 건축신고필증은 집으로 배송되었다. 이제 착공신고만 처리하면 공사를 개시할 수 있다. 막상 착공신고는 하루 만에 수리되었다. 이로써 공사 준비는 다 된 셈이다.

집짓기 길잡이 ⑦

설계는 어떻게 진행해야 할까?

앞서 필자가 직접 설계를 진행하는 과정을 살펴보았다. 법적규제 사항들을 검토한 후 규모 및 실의 구성 등을 결정하고 향, 도로와의 관계, 지형 등 여러 가지 사항들을 검토하여 설계를 완성하였다.

물론 건축설계를 전공하지 않았거나 관련 분야에서 일하지 않는 분들이 설계를 직접 한다는 것은 부담스럽고 어려운 일이다. 그렇다고 무턱대고 설계사무소를 찾아가 설계를 의뢰한다면 설계자도 만족스러운 결과물을 만들어 주지 못한다. 설계자와 건축주가 유기적인 관계를 유지하면서 오랜 시간 미팅과 논의를 통해야 완성도 있는 설계가 탄생한다. 자금이 충분하다면 그렇게 하기를 권하고 싶다. 그러나 자금의 여유가 없어 한 푼이라도 줄여야 하는 상황이라면 쉽지 않은 선택이다.

그럼, 어떤 방법이 있을까?

우선 설계초안을 완성하거나 완성은 못하더라도 콘셉트는 어느 정도 정해 설계사무소에 의뢰하는 것이 건축주의 의도가 반영된 만족스러운 결과물을 얻을 수 있는 방법이라고 생각한다. 요즘은 인터넷에서 많은 정보들을 손쉽게 접할 수 있다. 물론 전원주택에 관련된 평면도도 많이 볼 수 있다. 마음에 드는 평면도를 수집한 후 매입한 토지의 상황에 맞게 설계사무소에서 재구성하는 방법도 있다.

또 다른 방법은 시공사를 통해 설계초안을 작성하는 것이다. 요즘은 시공사에서 토지 매입 시점부터 건축까지 전체 과정에 참여해 건축주의 수고를 덜어주는 곳들이 많다. 토지의 상황에 맞게 건축주와 충분한 협의를 거쳐 예비도면을 완성한 후 설계사무소에 의뢰하는 방법으로 진행할 수 있다.

시공사에게 맡길 경우는 예비도면이 완성된 후 견적을 받고, 그 이후에 계약 유무를 결정해야 한다. 견적을 받기 전에는 절대로 계약을 해서는 안 된다.

건축신고 대상 건축물의 종류

우리는 흔히 100㎡ 이하의 건축물은 건축신고 대상이라고 알고 있다. 그러나 모든 지역에서 그런 것은 아니다. 비도시지역(관리지역, 농림지역, 자연환경보전지역)에서는 200㎡ 미만이고 3층 미만의 건축물도 건축신고 대상이다.

건축신고 대상의 건물은 건축법 제14조 및 건축법시행령 제11조에서 정의하고 있다. 법문을 한번 살펴보자.

건축법 제14조 1항 2호를 보면 관리지역, 농림지역, 자연환경보전지역에서는 연면적 200㎡ 미만, 3층 미만인 건축물을 건축할 때는 건축신고 대상이라고 되어 있다. 그리고 5호에서 그 밖에 대통령령으로 정하는 소규모 건축물도 신고대상으로 정한다고 규정하고 있다. 건축법 시행령 제11조 2항에서 그 밖의 소규모 건축물을 정의하고 있으며, 2항 1호에 100㎡ 이하의 건축물도 건축신고 대상이라 명시하고 있다.

법문을 해석한다는 것이 어려울 수도 있으나, 관련 항목들을 되짚어 보면서 읽어보면 이해가 쉬울 것이다.

건축법 제14조

① 제11조에 해당하는 허가 대상 건축물이라 하더라도 다음 각 호의 어느 하나에 해당하는 경우에는 미리 특별자치도지사 또는 시장·군수·구청장에게 국토해양부령으로 정하는 바에 따라 신고를 하면 건축허가를 받은 것으로 본다.〈개정 2009.2.6, 2011.4.14〉

1. 바닥면적의 합계가 85제곱미터 이내의 증축·개축 또는 재축
2. 「국토의 계획 및 이용에 관한 법률」에 따른 관리지역, 농림지역 또는 자연환경보전지역에서 연면적이 200제곱미터 미만이고 3층 미만인 건축물의 건축. 다만, 「국토의 계획 및 이용에 관한 법률」 제51조제3항에 따른 지구단위계획구역에서의 건축은 제외한다.
3. 연면적이 200제곱미터 미만이고 3층 미만인 건축물의 대수선
4. 주요구조부의 해체가 없는 등 대통령령으로 정하는 대수선
5. 그 밖에 소규모 건축물로서 대통령령으로 정하는 건축물의 건축

② 제1항에 따른 건축신고에 관하여는 제11조제5항을 준용한다.

③ 제1항에 따라 신고를 한 자가 신고일부터 1년 이내에 공사에 착수하지 아니하면 그 신고의 효력은 없어진다.

건축법시행령 제11조

① 법 제14조제1항제4호에서 "주요구조부의 해체가 없는 등 대통령령으로 정하는 대수선"이란 다음 각 호의 어느 하나에 해당하는 대수선을 말한다.〈신설 2009.8.5〉

1. 내력벽의 면적을 30제곱미터 이상 수선하는 것
2. 기둥을 세 개 이상 수선하는 것
3. 보를 세 개 이상 수선하는 것
4. 지붕틀을 세 개 이상 수선하는 것
5. 방화벽 또는 방화구획을 위한 바닥 또는 벽을 수선하는 것
6. 주계단·피난계단 또는 특별피난계단을 수선하는 것

② 법 제14조제1항제5호에서 "대통령령으로 정하는 건축물"이란 다음 각 호의 어느 하나에 해당하는 건축물을 말한다.〈개정 2008.10.29, 2009.8.5〉

1. 연면적의 합계가 100제곱미터 이하인 건축물
2. 건축물의 높이를 3미터 이하의 범위에서 증축하는 건축물
3. 법 제23조제4항에 따른 표준설계도서(이하 "표준설계도서"라 한다)에 따라 건축하는 건축물로서 그 용도 및 규모가 주위환경이나 미관에 지장이 없다고 인정하여 건축조례로 정하는 건축물
4. 「국토의 계획 및 이용에 관한 법률」 제36조제1항제1호다목에 따른 공업지역, 같은 법 제51조제3항에 따른 제2종 지구단위계획구역(같은 법 시행령 제48조제10호에 따른 산업형만 해당한다) 및 「산업입지 및 개발에 관한 법률」에 따른 산업단지에서 건축하는 2층 이하인 건축물로서 연면적 합계 500제곱미터 이하인 공장
5. 농업이나 수산업을 경영하기 위하여 읍·면지역(특별자치도지사·시장·군수가 지역계획 또는 도시계획에 지장이 있다고 지정·공고한 구역은 제외한다)에서 건축하는 연면적 200제곱미터 이하의 창고 및 연면적 400제곱미터 이하의 축사·작물재배사(作物栽培舍)

③ 법 제14조에 따른 건축신고에 관하여는 제9조제1항을 준용한다.〈개정 2008.10.29〉

STEP 05
구옥을 허물고 땅을 정리하다

14 구옥을 철거하다

　　집짓기 길잡이 ⑧

15 성토를 하다

　　집짓기 길잡이 ⑨

16 우수배수 맨홀과 배수관 공사

14
구옥을 철거하다

설계도면을 완성해 나가면서 구옥을 철거하기 위한 준비도 함께 진행했다. 집 규모가 크지 않고 흙집이라 처음에는 철거를 간단하게 생각했다. 그런데 지붕이 1급 발암물질인 석면이 함유된 슬레이트라 뜻하지 않은 철거비용이 추가되었다. 그 때, 우연히 「충주시 슬레이트 지붕 해체 지원에 관한 조례」가 신설되었음을 알게 되었다. 자세한 내용을 검색해보니 최고 200만원까지 지원 받을 수 있다는 문구가 눈에 들어왔다. 면사무소에 지원 여부를 문의했으나 예산의 한정으로 올해는 마감되었고, 내년 초에나 신청 모집을 재개한다는 안내를 받았다. 한발 늦었다. 그렇다고 내년까지 마냥 기다릴 순 없고, 빠르게 철거하기로 결정했다.

조심스럽게 진행된 석면 지붕 철거
면사무소에 방문해 철거신고를 마치고 철거업체에 견적을 의뢰했다. 현장 방문 후, 뽑은 견적에서 일부를 조정하여 380만원에 계약을 마쳤다.

철거 전

철거 당일 작업복과 방진마스크를 착용한 작업자가 지붕에 올라가 슬레이트를 조심스럽게 뜯어냈다. 바닥으로 내린 슬레이트는 바로 밀봉처리가 되었다.

슬레이트 철거

슬레이트 철거 완료 및 밀봉

STEP 05 구옥을 허물고 땅을 정리하다

늦게 작업이 시작돼 슬레이트만 처리하고, 다음 날 철거작업을 이어서 진행키로 하였다. 마침 장맛비가 시작돼 작업 여건은 좋지 못했지만, 비로 인해 먼지는 나지 않아 다행이었다.

비가 오는 가운데 지붕틀 및 볏짚 제거

구옥 철거

마무리 작업

철거를 완료하고 철거업체로부터 '건설폐기물처리계획신고필증'과 '폐기물처리확인서' 등의 서류를 받아 면사무소에 제출했다. 대금은 건축물대장에서 말소가 확인되면 지불키로 하였다.

얼마 후, 건축물대장의 말소를 알리는 공문이 도착했다. 건축물이 등기되어 있으면 1개월 이내에 말소등기를 신청하라는 안내문도 함께 왔으나, 미등기 건물이라 그럴 필요는 없었다.

집짓기 길잡이 ⑧

슬레이트 철거에 대하여

환경부 보도자료에 의하면 석면 슬레이트를 불법 처리해 환경 문제를 야기하는 등의 문제로, 국비 및 지방비를 투입해 노후 슬레이트 철거 지원 사업을 실시한다고 밝혔다. 필자가 신축을 진행한 충주시에서는 「충주시 슬레이트 지붕 해체 지원에 관한 조례」를 2011년 3월 9일에 제정하여 지원대상 및 지원금액을 정하고 있었다. 매입한 토지 위에 철거할 슬레이트가 있을 때에는 지자체에 문의하여 지원금을 받을 수 있는지 알아보도록 하자.

환경부 보도자료 일부는 다음과 같다.

노후 슬레이트 처리를 위한 국가종합 플랜 마련

◇ 정부 합동 슬레이트 관리 종합대책을 마련, 슬레이트 처리 착수

◇ 내년 시범사업(2,500동, 56억원)을 거쳐, '2012년부터 10년간 서민거주지 19만동(5,052억원) 처리 계획

◇ 농식품부, 행안부 및 국토부 등 유관정책과 연계, 사업 시너지효과 제고

□ 환경부는 12.28일 노후 슬레이트에 의한 국민건강 피해 예방 및 안전하고 안정적인 슬레이트 처리기반 조성을 위한 「슬레이트 관리 종합대책」을 수립·발표하였다.

○ 내년에는 국비·지방비 등 56억원을 들여, 농어촌 지역 **노후 슬레이트 2,500동 처리**를 위한 **시범사업**을 실시하고

○ 2012년부터 2021년까지 10년간 본사업에 5,052억원을 투입 약 19만 동의 노후 슬레이트를 처리할 계획이다.

각 지자체들은 매해 초, 지원 대상 조건과 신청 기간을 발표한다. 건축물대장상 주택으로 등록되어 있고, 실제 주택으로 사용하는 건물에 한정된다. 축사나 공장은 제외된다. 보조금은 거의 모든 지자체가 동당 240만원으로 최대치를 두고 있다(2013년 1월 기준).

15
성토를 하다

대지가 도로보다 40~50㎝ 정도 낮았다. 우수배수는 물론이고 주변 정리를 위해 철거가 되자마자 바로 이어서 성토를 진행키로 했다.

성토 시 투입되는 장비와 기초공사에 필요한 장비는 중복되는 측면이 있다. 그래서 조금이라도 비용을 줄여볼 생각으로 시공업체와 우선 계약을 하고 업체를 통해 성토와 기초공사를 연달아 진행할까도 생각했다. 그러나 장맛비가 예고된 시점이었다. 공사기간을 줄이기 위해선 하루가 아쉬웠고, 성토를 통해 지반을 안정시키는 게 급했다. 성토를 마치고 장맛비를 맞게 된다면 지반이 안정되는 데도 훨씬 유리했다.

대략 15톤 덤프트럭으로 40대 내외의 흙이 필요했다. 이 역시도 비용이 만만치 않아 인근 공사현장에 반출되는 흙은 없는지 수소문해봤지만 소용이 없었다. 더 이상 지체할 시간이 없었다. 15톤 트럭 한차에 5만원씩 지불키로 하고, 백호우(Backhoe, 포크레인)도 예약하였다.

성토 작업

성토는 도로 쪽부터 시작해 트럭과 백호우가 계속 지나다니면서 다져졌다. 대지 남쪽 창고 편은 우수배수 맨홀과 배수관 공사가 추후에 진행될 수 있도록 비워두고 성토하였다.

우수배수 맨홀 및 배수관 공사 부분

대지에 인입되어 있는 광역상수도는 보호가 되도록 주름관으로 감쌌고, 지하수 모터는 고무통 속에 자리를 잡은 뒤 작업했다.

상수도 배관 및 지하수 모터 자리 보호

성토 후 충분히 땅을 다지고 비에 흙이 쓸려가지 않도록 물길도 만들어 놓았다. 이후에 우수배수 맨홀과 배수관 공사에 들어갈 흙, 텃밭 조성에 필요한 흙까지 더 받아 15톤 트럭 총 42대 분량의 흙이 투입되었다. 흙 값과 장비대를 합쳐 총 240만원이 들었다.

마지막 정리를 마치자 빗방울이 점점 굵어지더니 한참을 퍼부었다. 장마가 시작된 것이다. 이후로 비는 좀처럼 그치지 않았다. 토사 유출이 우려되었지만 다행히 준비를 해둬서 문제는 없었다.

도로에 서서 대지를 바라보니 철거 전에 보았던 것과 달리 엄청 넓어보였다. 더구나 성토까지 마친 상태라 깨끗하고 환해보이기까지 했다. 머릿속에는 제 모습을 갖춘 집이 앞서 그려졌다.

성토 마무리 작업

집짓기 길잡이 ⑨

성토 물량과 비용 계산하기

토지를 구매하여 집 지을 준비를 하다보면 땅에 흙을 돋워야 할 경우가 발생할 수 있다. 하지만 얼마의 흙이 필요한지 감이 오질 않는다. 물량을 모르니 당연히 금액도 파악할 수가 없다. 여기서 흙의 물량을 대략 산정하는 법을 알아보자.

성토를 할 경우 보통 '몇 차가 필요하다'는 표현을 자주 쓴다. 대체로 15톤 덤프트럭 한 대를 기준으로 흙이 몇 차나 필요한지, 그리고 금액도 '한차당 얼마'라는 식으로 정해진다.

그럼 15톤 덤프트럭 한 대에는 어느 정도의 흙이 들어갈까? 원지반 상태보다 덤프트럭에 실었을 때 부피가 커지고 그 흙을 원하는 토지에 성토하여 다지면 다시 부피가 줄어든다는 가정 하에 물량을 검토하면 된다. 15톤 덤프트럭 한 대에는 원지반 상태를 기준으로 $8m^3$의 흙이 운반 가능하다. 즉, 원지반 상태의 흙 $8m^3$를 덤프트럭에 실어서 원하는 지역에 운반하여 다짐을 하면 $8m^3$가 성토되는 것이다.

충주 신축 예정 부지로 성토물량을 계산해 보자. 부지 면적은 $560m^2$이고 평균적으로 0.5m 정도 성토를 하였다. $560m^2 \times 0.5m = 280m^3$로 전체 성토물량을 예측하였다. 덤프트럭 한 대로 옮길 수 있는 흙의 양이 $8m^3$이니 전체 성토물량으로 나누면 $280m^3 \div 8m^3 = 35$대가 나온다. 추가로 필요한 흙과 텃밭에 사용될 흙 등을 감안하여 40대 정도 예상했다. 실제로 42대가 소요되었으니 어느 정도 눈대중의 물량 검토가 적중했다고 볼 수 있다. 덤프트럭 한 대에 5만원을 지불하여 흙 값만 210만원이 소요되었다. 거기에 포크레인을 움직이는 하루 비용을 더하면 대략의 성토 물량 및 비용을 예상할 수 있다.

성토도 개발행위 허가를 받아야 하나?

받아야 하는 경우도 있고 아닌 경우도 있다. 개발행위 허가에 대한 사항은 「국토의계획및이용에관한법률」 및 동법 시행령에서 규정하고 있다. 국토의 계획 및 이용에 관한 법률 제56조 1항에서 개발행위 허가를 받아야 하는 경우가 명기되어 있고 4항에는 허가를 받지 않아도 되는 경우가 규정되어 있다. 특히 「국토의계획및이용에관한법률시행령」 제53조를 보면 허가를 받지 아니하여도 되는 경미한 행위에 대해 규정하고 있다. 〈3호에 가〉를 보면 지목변경을 수반하지 아니하는 경우 50㎝ 이내의 절토·성토·정지 등은 허가를 받지 않아도 된다. 〈나〉에서는 도시지역·자연환경보전지역 및 지구단위계획구역 외의 지역에서 660㎡ 이하의 토지에 대한 지목변경이 수반하지 아니하는 절토·성토·정지·포장 등의 행위도 개발행위 허가가 필요 없다.

충주의 경우는 계획관리지역에 대지 상태이고 토지면적도 560㎡, 성토의 깊이도 50㎝ 이내였기 때문에 개발행위 허가가 필요 없는 행위로 판단하였다.

아래의 법문을 참고하여 개발행위 허가 필요 여부를 가늠해 보자.

국토의 계획 및 이용에 관한 법률 제56조

① 다음 각 호의 어느 하나에 해당하는 행위로서 대통령령으로 정하는 행위(이하 "개발행위"라 한다)를 하려는 자는 특별시장·광역시장·특별자치시장·특별자치도지사·시장 또는 군수의 허가(이하 "개발행위허가"라 한다)를 받아야 한다. 다만, 도시·군계획사업에 의한 행위는 그러하지 아니하다.〈개정 2011.4.14〉

　1. 건축물의 건축 또는 공작물의 설치

　2. 토지의 형질 변경(경작을 위한 경우로서 대통령령으로 정하는 토지의 형질 변경은 제외한다)

　3. 토석의 채취

　4. 토지 분할(건축물이 있는 대지의 분할은 제외한다)

　5. 녹지지역·관리지역 또는 자연환경보전지역에 물건을 1개월 이상 쌓아놓는 행위

② 개발행위허가를 받은 사항을 변경하는 경우에는 제1항을 준용한다. 다만, 대통령령으로 정하는 경미한 사항을 변경하는 경우에는 그러하지 아니하다.

③ 제1항에도 불구하고 제1항제2호 및 제3호의 개발행위 중 도시지역과 계획관리지역의 산림에

서의 임도(林道) 설치와 사방사업에 관하여는 「산림자원의 조성 및 관리에 관한 법률」과 「사방사업법」에 따르고, 보전관리지역 · 생산관리지역 · 농림지역 및 자연환경보전지역의 산림에서의 제1항제2호(농업 · 임업 · 어업을 목적으로 하는 토지의 형질 변경만 해당한다) 및 제3호의 개발행위에 관하여는 「산지관리법」에 따른다.〈개정 2011.4.14〉

④ 다음 각 호의 어느 하나에 해당하는 행위는 제1항에도 불구하고 개발행위허가를 받지 아니하고 할 수 있다. 다만, 제1호의 응급조치를 한 경우에는 1개월 이내에 특별시장 · 광역시장 · 특별자치시장 · 특별자치도지사 · 시장 또는 군수에게 신고하여야 한다.〈개정 2011.4.14〉

1. 재해복구나 재난수습을 위한 응급조치
2. 「건축법」에 따라 신고하고 설치할 수 있는 건축물의 개축 · 증축 또는 재축과 이에 필요한 범위에서의 토지의 형질 변경(도시 · 군계획시설사업이 시행되지 아니하고 있는 도시 · 군계획시설의 부지인 경우만 가능하다)
3. 그 밖에 대통령령으로 정하는 경미한 행위

국토의 계획 및 이용에 관한법률 시행령 제53조

법 제56조제4항제3호에서 "대통령령으로 정하는 경미한 행위"란 다음 각 호의 행위를 말한다. 다만, 다음 각 호에 규정된 범위에서 특별시 · 광역시 · 시 또는 군의 도시계획조례로 따로 정하는 경우에는 그에 따른다.〈개정 2005.9.8, 2006.8.17, 2008.9.25, 2009.7.7, 2009.7.27, 2010.4.29〉

1. 건축물의 건축 : 「건축법」 제11조제1항에 따른 건축허가 또는 같은 법 제14조제1항에 따른 건축신고 대상에 해당하지 아니하는 건축물의 건축
2. 공작물의 설치

    가. 도시지역 또는 지구단위계획구역에서 무게가 50톤 이하, 부피가 50세제곱미터 이하, 수평투영면적이 25제곱미터 이하인 공작물의 설치. 다만, 「건축법 시행령」 제118조제1항 각 호의 어느 하나에 해당하는 공작물의 설치는 제외한다.

    나. 도시지역 · 자연환경보전지역 및 지구단위계획구역 외의 지역에서 무게가 150톤 이하, 부피가 150세제곱미터 이하, 수평투영면적이 75제곱미터 이하인 공작물의 설치. 다만, 「건축법 시행령」 제118조제1항 각 호의 어느 하나에 해당하는 공작물의 설치는 제외한다.

    다. 녹지지역 · 관리지역 또는 농림지역 안에서의 농림어업용 비닐하우스(비닐하우스안에 설치하는 육상어류양식장을 제외한다)의 설치

3. 토지의 형질변경

   가. 높이 50센티미터 이내 또는 깊이 50센티미터 이내의 절토·성토·정지 등(포장을 제외하며, 주거지역·상업지역 및 공업지역외의 지역에서는 지목변경을 수반하지 아니하는 경우에 한한다)

   나. 도시지역·자연환경보전지역 및 지구단위계획구역 외의 지역에서 면적이 660제곱미터 이하인 토지에 대한 지목변경을 수반하지 아니하는 절토·성토·정지·포장 등(토지의 형질변경 면적은 형질변경이 이루어지는 당해 필지의 총면적을 말한다. 이하 같다)

   다. 조성이 완료된 기존 대지에 건축물이나 그 밖의 공작물을 설치하기 위한 토지의 형질변경 (절토 및 성토는 제외한다)

   라. 국가 또는 지방자치단체가 공익상의 필요에 의하여 직접 시행하는 사업을 위한 토지의 형질변경

4. 토석채취

   가. 도시지역 또는 지구단위계획구역에서 채취면적이 25제곱미터 이하인 토지에서의 부피 50세제곱미터 이하의 토석채취

   나. 도시지역·자연환경보전지역 및 지구단위계획구역 외의 지역에서 채취면적이 250제곱미터 이하인 토지에서의 부피 500세제곱미터 이하의 토석채취

5. 토지분할

   가. 「사도법」에 의한 사도개설허가를 받은 토지의 분할

   나. 토지의 일부를 공공용지 또는 공용지로 하기 위한 토지의 분할

   다. 행정재산 중 용도폐지되는 부분의 분할 또는 일반재산을 매각·교환 또는 양여하기 위한 분할

   라. 토지의 일부가 도시계획시설로 지형도면고시가 된 당해 토지의 분할

   마. 너비 5미터 이하로 이미 분할된 토지의 「건축법」 제57조제1항에 따른 분할제한면적 이상으로의 분할

6. 물건을 쌓아놓는 행위

   가. 녹지지역 또는 지구단위계획구역에서 물건을 쌓아놓는 면적이 25제곱미터 이하인 토지에 전체무게 50톤 이하, 전체부피 50세제곱미터 이하로 물건을 쌓아놓는 행위

   나. 관리지역(지구단위계획구역으로 지정된 지역을 제외한다)에서 물건을 쌓아놓는 면적이 250제곱미터 이하인 토지에 전체무게 500톤 이하, 전체부피 500세제곱미터 이하로 물건을 쌓아놓는 행위

16
우수배수 맨홀과 배수관 공사

성토 후 콘크리트 기성 맨홀과 덮개(Grating, 그레이팅), 이중 주름관을 주문해 현장에 반입하였다. 비가 그치는 대로 아버지가 직접 공사를 진행키로 하셨다.

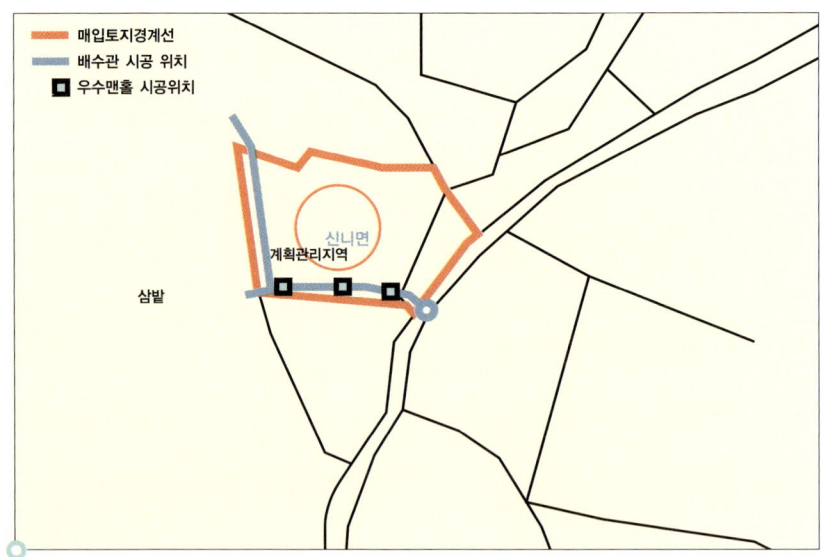

우수배수 맨홀 시공계획

비가 잠시 소강 상태인 틈을 타서 아버지께서 포크레인을 불러 미리 계획한 대로 배수공사를 하셨다. 이날 인삼밭 임차인도 현장에 나와 인삼밭 쪽의 배수로를 함께 정비했다.

아버지께서 고생하신 덕에 인건비는 지출되지 않았다. 자재비와 장비대로만 170만원이 소요되었는데, 인삼밭 측과 협의해 150만원을 받았기 때문에 실질적으로는 20만원만 지출된 셈이다.

우수배수 맨홀 및 배수관 공사 완료

STEP 06
시공업체 선정과 계약

17 시공업체를 알아보다
18 견적을 받다

　집짓기 길잡이 ⑩

19 계약서에 도장을 찍다

　집짓기 길잡이 ⑪

17
시공업체를 알아보다

설계도를 가지고 필자가 살고 있는 수원 인근의 한 시공업체를 찾았다. 원하는 공사 방식과 마감재 수준 등을 제시하고 시공 견적을 요청했다. 며칠 후 보내온 견적서를 보고 깜짝 놀라지 않을 수 없었다. 상수도, 전기 인입비용 등 부대비용을 제외하고도 총 8,800만원이라는 견적이 나왔다. 초과할 것이라고 어느 정도 예상은 했지만 너무 큰 금액이라 가격을 협상할 엄두도 나지 않았다. 아마 수원을 기반으로 한 시공업체다보니 타 지역으로 움직이는 원거리 공사는 경비 지출이 클 것이라는 생각이 들었다.

충주 인근이나 전국을 대상으로 하는 조립식주택 시공업체를 물색했다. 인터넷에서 우선 충주 인근의 업체를 몇 군데 조회해 주말에 내려가 직접 상담을 받아보았다. 시공업체들은 하나같이 기존에 하던 공사방식을 고수하고 있었다. 필자가 제시한 이중벽체로 공사 방법을 변경해 시공할 생각은 도통 없어 보였다. 그 중에 몇몇 업체는 "25평에 방 3개, 화장실 2개는 좁아서 불가능하다"며 되려 25평 내외의 모델하우스를 보여주면서 그대로 시공해 주겠다고 고집했다.

앞선 시공사례 확인이 우선

토지 구매 후 일이 술술 잘 풀리는 듯했으나 다시 난관에 봉착했다. 기존 업체가 공사 방법을 바꿔 시공하기는 쉽지 않아 보였다. 의견을 충분히 수렴하고, 조립식 이중벽체를 제대로 시공할 수 있는 업체를 찾아야만 했다.

답답한 마음에 다시 인터넷을 검색했다. 이중벽체도 상당히 다양한 공법이 적용되고 있었는데, 그 중 한 업체가 눈에 들어왔다. 많은 자료를 볼 수 없었지만 필자가 원하는 방식으로 이중벽체를 시공하고 있는 듯하였다. 사무실 위치도 충북 음성으로 현장과 가까워 더욱 관심이 갔다. 바로 전화를 걸어 개략적인 평당 시공비를 물었다. "예상 평당 단가는 의미가 없어요. 도면이 먼저 확정되어 도면에 의한 정확한 물량이 나와야 견적을 제시할 수 있습니다"라는 대답이 돌아왔다. 상당히 일리 있는 말이다. 처음에는 시공비를 낮게 제시하고 나중에 추가 공사비를 요구하는 업체도 많다는 얘기를 심심치 않게 들었던 차였다.

"그러면 주로 어떤 자재로 어떻게 시공하는지 대충이라도 설명해 주실래요?"
"홈페이지에 기초공사부터 마감까지의 과정을 담은 여러 현장 사진을 자세하게 올려놨으니까 찬찬히 보시고, 다시 통화하시죠."

보통 이렇게 연락을 취하면 바로 만나자든가 아니면 잘 해줄 테니 일단 해보자는 식으로 계약을 유도하는 경우가 대부분이다. 그런데 현장사진을 보고 얘기하자니 의아스러우면서도 공사에 대해 자부심이 있는 것 같다는 생각이 들었다.

의심 반 호기심 반으로 기초공사부터 골조공사, 조립식 이중패널공사 등 공종별로 자세히 정리된 사진을 살펴보았다. 이중패널공사 방법이 필자가 생각했던 것과 일치하였고, 나머지 공사도 상당히 마음에 들었다. 이렇게 자신 있게 세부 공정 사진을 공개한다는 것 자체부터 신뢰가 갔다. 그렇다면 중요한 것은 시공비용이었다.

건축신고가 완료되었음을 알리고 도면을 보내줬다. 견적을 위한 세부항목들은 직접 만나 결정하기로 했다.

18
견적을 받다

공정별로 검토한 세부 견적

사무실 방문 전에 궁금한 점들과 그에 따른 의견 제시, 세부 견적을 위한 결정 사항들을 차분히 정리했다. 구체적인 의견을 전달해야 보다 정확한 견적이 가능할 것이다.

궁금한 사항 및 의견
- 기초 시공 방법 – 통(매트)기초, 줄기초 여부
- 기초 사용 철근 규격 및 철근 배근법
- 처마길이 – 500㎜ 이상 확보
- 천장높이 – 2,350㎜ 이상 확보
- 오배수관 관경 – 오수 Ø100, 배수 Ø75
- 지붕물매 – 5/10 물매 확보

- 전기 CD관 사용 여부
- 전화 및 TV단자 시공 여부
- 욕실 부위 기초 낮춤 시공 여부
- 현관 중문 시공은 기본 사양인지
- 욕실 난방배관 시공 여부
- 분전함 시공 여부
- 욕실 천장 마감법 – PVC판(리빙보드) 마감
- 욕실문 ABS문 사용 여부
- 커튼박스 시공 여부
- 벽체 두께는 어느 정도가 좋을지
- 창호 규격 확인
- 창호의 유리는 어떤 규격을 써야 할지
- 창호 등 사용자재들의 제조사
- 공사기간
- 하자 보수 기간
- 거실 천장에 삼파장 매입등 시공이 가능한지 여부

견적 시 반영 할 기본 사양

- 기초 높이 700㎜ 확보
- 최대한 심플하고 간결한 인테리어
- 지붕마감재 – 이중그림자싱글
- 벽체마감재 – 시멘트사이딩
- 도배지 사양 – 거실은 실크벽지, 방은 합지
- 바닥마감재 사양 – 장판 2.0T 시공
- 거실 층고를 높이는 시공
- 기초마감 파벽돌 시공
- 천장은 평몰딩(계단몰딩) 사용

시공업체 대표와 첫 대면을 했다. 정리해 간 내용들을 놓고 한참동안 의견을 주고받았다.

기초 높이를 최초에는 500㎜로 정했으나, "기초를 더 높여 집의 느낌을 살리는 게 어떻겠냐"는 아버지의 의견을 수렴해 700㎜로 계획을 바꾸었다. 기초는 통기초(매트기초)로 하되 기초높이를 700㎜로 확보하려면 콘크리트가 많이 소요된다. 따라서 하부에 어느 정도 흙을 성토해 콘크리트 물량을 줄이는 방법으로 가닥을 잡았다. 기초공사에 사용되는 철근은 D10을 사용하고, 250㎜ 내외 간격에 격자로 시공하기로 했다. 단층이고 경량건물이기에 충분한 이격거리로 판단되었다.

처마길이는 기본 500㎜ 이상, 천장 높이는 2,350~2,400㎜ 사이 확보, 오배수관 관경은 오수 Ø100, 배수 Ø75관을 기본사양으로 적용, 지붕물매는 5/10을 기본으로 정하는 등 필자가 설계한 안과도 일치하였다.

패널 안쪽에 설치하는 전기배선에 CD관('PVC 가요전선관'이라고도 함, 여기서 '가요'란 휘어짐이 좋다는 뜻)을 사용하는지 물었다. CD관 없이 패널 내부에 전선만 배선해 화재에 취약한 경우가 종종 있기 때문이었다.

"당연히 CD관을 사용하지요. 요즘 그렇게 안하는 사람도 있나요? 전화와 TV 단자함, 현관중문, 욕실난방 배관 및 전기 분전함도 당연히 기본 사양으로 시공합니다."

욕실 천장은 PVC 리빙보드가 기본이고, 욕실문은 습기에 강한 ABS문을 적용하고 있었다. "모든 마감 자재들은 건축주의 의견에 따라 변경 적용이 가능하다"는 설명을 듣고 나자 괜한 걱정을 했나 싶었다.

이번에는 커튼박스 시공 여부를 물었다.

"커튼박스를 시공하려면 천장을 이중으로 해야 합니다. 천장은 50㎜ 패널에 석고보드로 마감해 커튼박스를 시공하지 않는 것이 기본사양입니다. 그런데 굳이 비용을 더 들여가며 할 필요가 있을까요?"

생각해보니 건물 성능에 영향을 미치는 부분도 아니고, 요즘은 커튼레일보다는 커튼봉을 많이 사용하는 추세이기도 하다. 한편, 거실 천장에 삼파장 매입 등은 공간 천장 패널을 두면 무리 없이 달 수 있다고 한다.

이중벽체패널로 벽체 두께는 200㎜

가장 중요한 벽체 두께에 대해 의견을 나눴다. 이중벽체의 구성을 외기측 패널 75T+구조각관 75T+실내측 패널 50T로 구성해 총 200㎜로 두께를 정했다. 보통 PVC 이중창 창틀의 두께가 225㎜이므로 내부마감에도 문제가 없다. 창호는 PVC 이중창을 쓰되 바깥쪽 창은 16㎜ 복층유리, 안쪽은 5㎜ 단창을 선택했다. 거실을 제외한 안쪽 창은 무늬유리를 사용해 창을 닫았을 때 내부가 보이지 않도록 했다.

"창호는 기본 사양으로 흔히 말하는 메이커 제품은 아니지만 KS F 5602(합성수지 창호용 형재에 대한 KS 규정) 인증을 받은 제품이라 성능에는 문제가 없습니다."

물론 비용을 더 지불하고 보다 나은 창호로 바꿀 수도 있겠지만 그럴 필요가 없어 보였다.

공사기간은 40~50일 정도 예상되고, 하자보수기간은 2년이다. 통상 이쪽 업계에서는 1년이 대부분인데, 시공에 자신 있는 만큼 2년으로 연장했다고 한다.

도면의 일부 수정 및 보완

대화가 거의 끝나갈 때 쯤, 시공업체 대표가 수정 도면을 내보이며 제안을 했다.
"보일러실이 현재 별도로 없는데, 다용도실 뒤쪽에 추가로 보일러실을 만드는 것이 어떨까요? 기름보일러는 가스보일러와 달리 기름탱크가 별도로 설치되고, 보일러 크기도 상대적으로 커서 다용도실이 비좁을 거에요. 특히 기름보일러 작동 소음도 만만치 않기 때문에 별도로 공간을 두는 것이 여러모로 나을 겁니다."

면적이 2.16㎡(0.65평) 늘어나지만 그 정도는 감수할 만하다. 도면을 찬찬히 보니 기존에 다용도실이 넓은 편이 아니고, 실내로 전달될 수 있는 보일러 소음도 최대한 막는 게 나을 듯했다.

설계사무소에 물어보니 그 정도 면적이 늘어나는 것은 '사용검사' 신청 시에 일괄 처리하면 문제없다는 확답도 받았다. 박스 형태의 3D 도면도 수정해 보니 건물 뒤 뒷마당에도 크게 영향을 미치지 않았다.

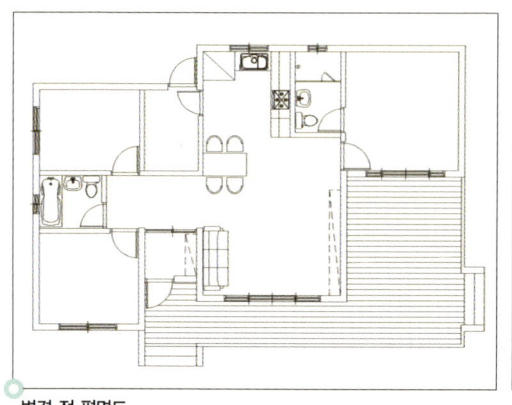
변경 전 평면도

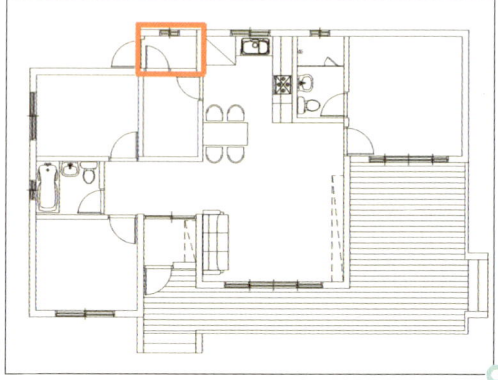
변경 후 평면도

변경 전 3D 도면

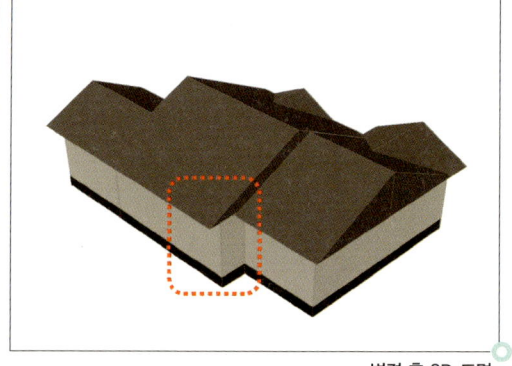
변경 후 3D 도면

한 가지 더 제안을 했다. "전체적으로 심플한 것은 동의하는데, 실내에 한 군데 정도는 포인트가 있어야 할 것 같다"며 공용욕실 내부 벽 일부와 천장을 목재(**히노끼 루버**)로 마감할 것을 권했다. 금액 대비 효과가 크고, 보기에도 좋을 것 같아 견적에 포함시키기로 했다.

욕실 목재루버 시공

궁금한 점들도 웬만큼 해소되었고, 합리적인 제안도 수렴해 더 바람직한 설계안이 나와 만족스러웠다. 시공업체 대표는 말미에 "공사 중에도 분명 변경사항이 생기기 때문에 공정에 크게 무리만 없다면 함께 검토하고 합리적인 방향으로 나가자"는 말도 덧붙였다.

마라톤 대화를 마치고 대표와 함께 충주 현장을 둘러봤다. 현장은 말끔하게 성토까지 마친 상태라 공사차량이 진입하고 자재를 적재하기에 상당히 좋은 여건이라는 데 이견이 없었다.

공종별로 상세하게 제시된 견적서

견적을 기다리는 시간이 초조했다. 드디어 견적서를 메일로 받았는데, 총 견적이 7,130만원이 나왔다. 주택 면적이 86.85㎡(**26.27평**)이므로 평당 시공비가 271만원인 셈이다. 처음에 평당 250만원대를 기준으로 삼았지만, 욕실도 2개이고 기초높이도 200㎜ 높인 만큼 그 이상이 나오리라 예상은 했었다.

뒷장을 보니 공종별로 아주 상세한 내역이 추가되었다. 해당 공사내역이 아주 명확하게 드러나 분쟁의 여지가 없도록 자세하게 작성되었다.

내역서를 꼼꼼히 살펴봤다. 항목과 물량이 정확한가 보다는 필요 없는 항목을 선별해 비용을 줄이기 위한 검토였는데, 절감할 수 있는 몇 가지 항목들을 찾아냈다.

우선 거실 창문을 3,000㎜에서 2,700㎜로, 안방 창문도 2,400㎜에서 2,000㎜로 줄였다. 창 면적을 축소하면 비용도 절감되고, 열손실도 줄일 수 있다는 생각이 들었다.

세부적으로 방문 도어록은 여러 개를 갖고 있어 제외하고, 욕실의 포인트 타일, 부분적인 우레탄 몰딩, 해바라기 샤워기 등 꼭 필요치 않은 부분도 생략했다. 각종 등기구는 직접 구매키로 하고 견적에 반영하지 않기로 했다. 반면 추가할 항목도 있었다. 어머니가 공용욕실에 욕조 설치를 원하셨는데, 내역서에 반영되지 않았기 때문이다. 변경 사항들을 정리해 견적을 재요청하였고, 80만원이 줄어든 7,050만원(**평당 268만원**)으로 확정하였다.

예산을 넘긴 시공비용

이밖에 기단부 마감(**기초 옆부분**)은 문양거푸집이 기본사양인데 파벽돌로 교체, 마감하기로 했다. 단, 내역에 반영하지 않는 대신 자재는 직접 구매키로 하고 인건비만 실비로 지불하기로 했다. 또한 기초 부위에 콘크리트 물량을 줄이기 위해 일부를 성토하는 부분도 실비 처리로 정했는데, 모두 시공업체의 제안이다. 내역에 반영해 설계 변경 처리하는 것보다 실비만 지불하면 되므로 건축주 입장을 생각한 반가운 제안이었다.

예산을 넘긴 비용이지만, 어차피 예상했던 바다. 시공 과정을 공개하고 건축주의 의견을 최대한 반영하려는 시공업체에 신뢰를 갖고 계약을 결정했다.

내역 검토까지 끝나고, 금액이 결정되니 속이 후련했다. 그러나 예산을 초과해 2,500만~3,000만원 정도는 대출을 받아 감당해야 할 상황이라 마음이 편치는 않았다.

집짓기 공정표

집짓기 공정표

공종 / 일수	1	2	3	4	5	6	7	8	9	10	11	12	13	14	15	16	17	18	19	20	21	22	23	24	25	26	27	28	29	30	31	32	33	34	35	36	37	38	39	40	41	42
가설공사	■																																									
기초공사		■	■	■	■	■																																				
경량철골공사							■	■	■																																	
패널 및 창호공사										■	■	■	■																			■										
외장공사														■	■	■	■	■	■	■	■	■						■	■	■												
전기공사														■	■	■	■	■	■																			■	■			
배관 및 설비공사			■	■	■	■												■	■	■	■	■										■										
방바닥 미장공사																				■	■	■																				
내장 및 목공공사																							■	■	■	■	■															
타일공사																									■	■	■															
도기류 및 각종 부착물 설치																												■	■	■	■											
도배공사																																	■	■								
바닥재공사																																			■	■						
가구공사																																					■	■				
기타공사 및 부대공사																																	■	■	■	■	■					
준공청소																																										■

25평 단층기준   토목공사와 병행 시에는 일정 변경 및 지연될 수 있음   휴일과 우천 등 기후에 따라 순연될 수 있음

공정표 설명

가설공사 : 건축주 입회 하에 주택 위치 확정, 장비 및 자재 적재장소 및 진출입로 확보 ⟫⟫⟫ **기초공사** : 거푸집 설치, 철근 설치, 콘크리트 타설 등

경량철골공사 : 경량철골 재단 및 용접 ⟫⟫⟫ **패널 및 창호공사** : 외벽체, 지붕, 천장 내벽체 패널설치 및 창호부위 타공, 창틀 및 문틀 설치, 도기류 및 각종 부착물 설치 후 실내 문 설치

외장공사 : 지붕, 처마, 벽체 등 외장공사 ⟫⟫⟫ **전기공사** : 패널 및 창호 설치 후 CD배관 공사 및 전선 인입공사, 바닥재 마무리 후 콘센트, 스위치 및 등기구 설치

배관 및 설비공사 : 기초 공사시 오·배수 배관 설치, 방바닥 미장공사 전 급수배관 및 난방배관 설치, 도배공사 전 보일러 설치하여 보일러 가동

방바닥 미장공사 : 방바닥 미장 전 배관 압력체크 ⟫⟫⟫ **타일공사** : 욕실, 부엌, 현관 타일 ⟫⟫⟫ **도기류 및 각종 부착물 설치** : 세면기, 변기, 욕조 및 휴지걸이 등 각종 부착물 설치

도배공사 ⟫⟫⟫ **바닥재공사** ⟫⟫⟫ **가구공사** : 주방가구, 신발장 등 ⟫⟫⟫ **기타공사 및 부대공사** : 전기인입, 가스배관공사 등 ⟫⟫⟫ **준공청소**

집짓기 길잡이 ⑩

집짓는 중 설계가 변경 되었을 때는 어떻게 하지?

최초 인허가 후 진행을 하다보면 여러 가지 사유로 설계를 변경할 일이 생길 수 있다. 변경사항이 경미할 수도 있고 대폭 수정되는 경우도 있을 것이다. 건축공사는 시공업자와 협의 후 진행하면 되지만 인허가 받은 부분의 변경사항은 변경처리를 하여야 한다. 건축허가와 신고사항의 변경은 건축법 제16조 및 건축법시행령 제12조에서 정의하고 있다. 건축법 제16조를 보면 허가나 신고한 사항을 변경하려면 변경 전에 허가를 받거나 신고하여야 한다. 그러나 대통령령으로 정하는 사항의 변경은 사용승인을 신청할 때 허가권자에게 일괄하여 신고할 수 있다고 되어 있다. 대통령령이 정하는 사항은 건축법시행령 제12조를 보면 알 수 있다. 건축법시행령 제12조 3항을 보면 '동수나 층수를 변경하지 않으면서 변경되는 부분의 바닥면적의 합계가 50㎡ 이하이거나 10분의 1 이하인 경우, 그리고 위치가 1미터 이내에서 변경되는 경우 등'이라고 정의되어 있다.

충주 신축건을 예로 들어보자. 최초에 건축신고한 면적은 84.69㎡ 였다. 하지만 보일러실을 별도로 형성하는 게 합리적이라고 판단하여 2.16㎡가 늘어나게 되었다. 변경되는 부분의 면적이 최초 면적의 10분의 1 이하이고 당연히 변경되는 부분도 50㎡를 넘지 않으니 사용승인 신청 시 함께 신고할 수 있는 사항인 것이다. 이 부분은 설계사무소에 위임하였으니 설계사무소에서 사용승인 때 일괄신고하기로 하였다. 경미한 사항의 변경 건이라 추가 비용 없이 처리가 가능하다.

최초에 설계사무소와 계약할 때, 변경사항이 생겼을 경우 추가비용에 대하여 합의할 필요가 있다. 그런 절차 없이 그냥 진행하다 변경사항이 생기면 설계사무소에서 요구하는 대로 금액을 지불해야 하는 경우가 생길 수도 있기 때문이다. 변경사항에 대한 비용 처리를 사전에 협의하여 난처한 상황을 방지하도록 하자.

아래 법문을 한번 읽어 보면 설계가 변경되었을 경우 어떻게 해야 하는지 구체적으로 알게 될 것이다. 혹시 이해가 안 가도 상관없다. 설계사무소에서 위임하여 처리하면 되기 때문이다. 금액에 대한 부분만 확실히 사전에 협의하면 된다.

건축법 제16조

① 건축주가 제11조나 제14조에 따라 허가를 받았거나 신고한 사항을 변경하려면 변경하기 전에 대통령령으로 정하는 바에 따라 허가권자의 허가를 받거나 특별자치도지사 또는 시장·군수·구청장에게 신고하여야 한다. 다만, 대통령령으로 정하는 경미한 사항의 변경은 그러하지 아니하다.

② 제1항 본문에 따른 허가나 신고사항 중 대통령령으로 정하는 사항의 변경은 제22조에 따른 사용승인을 신청할 때 허가권자에게 일괄하여 신고할 수 있다.

③ 제1항에 따른 허가 또는 신고 사항의 변경허가 또는 변경신고에 관하여는 제11조제5항 및 제6항을 준용한다.〈신설 2011.5.30〉

건축법 시행령 제12조

① 법 제16조제1항에 따라 허가를 받았거나 신고한 사항을 변경하려면 다음 각 호의 구분에 따라 허가권자의 허가를 받거나 특별자치도지사 또는 시장·군수·구청장에게 신고하여야 한다.〈개정 2009.8.5〉

  1. 바닥면적의 합계가 85제곱미터를 초과하는 부분에 대한 증축·개축에 해당하는 변경인 경우에는 허가를 받고, 그 밖의 경우에는 신고할 것

  2. 법 제14조제1항제2호 또는 제5호에 따라 신고로써 허가를 갈음하는 건축물에 대하여는 변경 후 건축물의 연면적을 각각 신고로써 허가를 갈음할 수 있는 규모에서 변경하는 경우에는 제1호에도 불구하고 신고할 것

  3. 건축주를 변경하는 경우에는 신고할 것

② 법 제16조제1항 단서에서 "대통령령으로 정하는 경미한 사항의 변경"이란 신축·증축·개축·재축·이전 또는 대수선에 해당하지 아니하는 변경을 말한다.

③ 법 제16조제2항에서 "대통령령으로 정하는 사항"이란 다음 각 호의 어느 하나에 해당하는 사항을 말한다.

1. 건축물의 동수나 층수를 변경하지 아니하면서 변경되는 부분의 바닥면적의 합계가 50제곱미터 이하인 경우. 다만, 변경되는 부분이 제4호 본문 및 제5호 본문에 따른 범위의 변경인 경우만 해당한다.
2. 건축물의 동수나 층수를 변경하지 아니하면서 변경되는 부분이 연면적 합계의 10분의 1 이하인 경우(연면적이 5천 제곱미터 이상인 건축물은 각 층의 바닥면적이 50제곱미터 이하의 범위에서 변경되는 경우만 해당한다). 다만, 제4호 본문 및 제5호 본문에 따른 범위의 변경인 경우만 해당한다.
3. 대수선에 해당하는 경우
4. 건축물의 층수를 변경하지 아니하면서 변경되는 부분의 높이가 1미터 이하이거나 전체 높이의 10분의 1 이하인 경우. 다만, 변경되는 부분이 제1호 본문, 제2호 본문 및 제5호 본문에 따른 범위의 변경인 경우만 해당한다.
5. 허가를 받거나 신고를 하고 건축 중인 부분의 위치가 1미터 이내에서 변경되는 경우. 다만, 변경되는 부분이 제1호 본문, 제2호 본문 및 제4호 본문에 따른 범위의 변경인 경우만 해당한다.

④ 제1항에 따른 허가나 신고사항의 변경에 관하여는 제9조제1항을 준용한다.〈전문개정 2008.10.29〉

19
계약서에 도장을 찍다

계약을 결정하자 계약서 초안을 보내왔다. 날인하기 전에 계약서를 검토해 보라는 의미였다. 대개 계약 당일 급하게 훑어보게 되어 자세하게 들여다보지 못하는 경우가 많은데, 초안을 미리 볼 수 있게 배려해주었다.

불합리한 부분이나 수정이 필요한 사항이 없는지 검토하였다. 공사명, 공사기간, 공사금액, 공사내용이 첫 부분에 명기되었다. 공사내용의 상세사항은 확정된 도면과 세부내역서가 첨부된다는 내용이 뒤를 이었다. 또한 공사대금 지불시기 및 금액, 공사기간과 공사의 변경, 계약 해지에 대한 내용 등도 자세히 서술되었다. 다만, "을(시공자)은 안전관리에 유의해야 한다"는 문구는 현장에서 안전사고 발생 시 책임소재가 불분명해질 여지가 있어 보였다. 주택 시공과 같은 소규모 공사 현장에서 안전사고가 발생하면 계약서에 특별한 문구가 없는 한 건축주가 책임져야 할 상황도 생길 수 있어 수정이 필요해 보였다.

안전사고의 책임 소재

주말에 계약을 위해 시공업체 사무실을 찾았다. 공사의 개략적인 진행과 착공일 등을 우선 협의했다. 계약서의 안전관리 항목의 수정에 대해선 "현재 문구의 의미는 현장에서 안전사고 발생 시 시공자 측의 책임이라는 의도인데, 해석이 불분명하다면 내용을 보강하겠다"며 바로 수정하였다.

계약서에 도장을 찍고 간인까지 마쳤다. 바로 핸드폰으로 계약금 10%도 이체하였다. 계약금까지 납부하였으니 계약이 성립된 것이다. 몸에 전율이 왔다. 많은 우여곡절 끝에 여기까지 이르렀다. 시공이라는 큰 산을 넘기 위해 계약까지 마쳤기 때문에 이제 돌이킬 수도 없다.

직장생활을 하면서 평일 밤과 주말에 몇 개월째 강행군을 하다 보니 몸과 마음은 지쳤지만, 그렇다고 긴장의 끈을 놓을 순 없다. 스스로에게 '수고했고, 조금만 힘내자'는 위로를 하였다.

집짓기 길잡이 ⑪

견적서에 대처하는 자세

많은 사람들이 업체를 잘 만나야 고생하지 않는다는 말을 많이 한다. '집 한번 지으면 10년은 늙는다'는 얘기가 그냥 나온 건 아닐 것이다. 건축주가 공사 방법이 적절하지 않고 나중에 하자를 유발할 가능성이 있지 않을까 의문을 제기하여도 시공자가 명쾌한 답은 하지 않고 풍부한 경험만을 내세워 공사를 그냥 진행하는 현장이 대다수이기 때문이다. 또한 처음 계약한 금액에는 포함되지 않은 추가금을 요구하는 사항이 가장 큰 원인이라고 생각된다.

대형업체라면 각 공종별 시방서를 작성하여 공사 방법을 명확히 알 수 있게 제시하지만, 대부분의 업체는 그렇지 못할 뿐 아니라 일반인들은 시방서를 봐도 무슨 말인지 이해를 못할 수가 있다. 따라서 업체가 시공했던 자료를 보고 판단하는 것이 가장 쉬운 방법일 것이다. 그럼 공사비에 대한 부분은 무엇을 기준으로 삼아야 할까? 바로 견적서이다. 견적서에는 각 공종별로 필요자재 및 인건비, 경비가 표기되어 있어야 한다. 잘 작성된 견적서만 봐도 공사가 어떻게 진행될지 짐작할 수 있다. 가장 중요한 것은 포함된 공사가 어디까지인가 견적서를 보고 확인할 수 있어야 나중에 추가 공사가 발생하더라도 분쟁이 생기지 않는다.

건축주가 견적서에 없는 사항을 요구해서 발생한 금액이라면 마땅히 건축주가 적절한 공사비를 지불해야 한다. 업체가 제출한 견적서가 기초공사, 골조공사, 마감공사 등 큰 덩어리를 기준으로 얼마라고 작성되어 있다면 이러한 업체는 계약을 피하는 것이 좋다. 자세한 항목을 알 수 없으므로 추가 금액을 요구할 때 기준을 삼을 수 없다. 심지어 평당 단가로 계약을 하는 경우가 있는데, 이 또한 공사 범위가 파악이 안 되기 때문에 나중에 곤란한 상황에 빠질 수도 있으니 조심해야 한다.

또한 견적서에 자재항목이 자세히 나열되어 있어도 어떤 자재를 쓰느냐에 따라 가격이 천차만별이기 때문에 자재의 사양도 견적서에 최대한 자세히 기입한다. 어느 누구도 자기 돈을 들여가면서 좋은 집을 지어주지는 않을 것이다. 싸고 좋은 집은 없다는 것을 명심하고 견적서를 자세히 살펴보자.

계약서는 무엇을 검토하나?

견적서 검토가 완료되었다면 계약에 앞서 계약서에 작성된 내용에 대해서도 꼼꼼히 확인해야 한다. 견적서에는 공사의 세부 내용이, 계약서에는 공사 기간, 공사대금의 지불, 공사기간 및 공사금액의 조정 등이 규정되어야 한다. 계약서에 기입하여 할 내용들은 다음과 같다.

계약서에 포함되어야 할 사항

1 공사명
2 공사금액
3 공사기간
4 공사내용(도면 및 세부내역서 첨부)
5 공사대금 지불시기 및 지불금액
6 설계변경 사유 및 절차
7 공사기간 연장 가능 사유
8 특별한 사유 없이 공사기간 내에 준공을 못하였을 시 지체상금율
9 공사대금 납부 연체 시 지연이자율
10 보안 및 안전관리
11 하자보수 기간
12 그 외 현장에 특별한 부분에 대하여 서로 합의가 필요하다고 판단되는 경우

공사명, 공사금액, 공사기간, 공사내용이 작성되어 있는 도면과 내역서를 첨부하고 공사기간은 서로 협의하여 결정한 후 기입하도록 한다. 공사대금 지불시기는 계약금, 중도금, 준공금 등으로 구분하고 정확한 지불시기 및 금액을 정해 자금조달 계획에 지장이 없도록 한다.

공사진행 중 공사변경이 필요하다고 판단되는 경우에는 사전에 건축주에게 고지하고 단가를 협의해 추후 분쟁의 소지를 없애도록 한다. 천재지변 등 기후로 인해 공사가 불가능하거나, 레미콘 파업 등으로 공사기간 연장이 불가피한 경우 등은 공사기간 연장 가능 사유로 명기한다. 특별한 이유 없이 공사기

간 내에 공사를 마치지 못하였을 때를 대비해 연체금액을 서로 협의하여 결정한다. 또한 건축주가 제때 공사금액을 지불하지 못하였을 경우에도 지연 이자율을 협의하여 원만한 공사가 진행될 수 있도록 한다. 그리고 안전관리 및 안전사고 발생 시 책임소재를 명확히 하고, 하자보수기간을 포함시킨다. 그 외에도 현장 여건에 따라 서로 합의가 필요한 경우에 대해서도 계약서에 정하도록 한다.

위의 사항들은 기본적인 것들이나 이 조차도 계약서에 명시하지 않는 경우도 많다. 게다가 시공자에 유리하도록 계약서가 작성되어 제대로 읽어 보지 않고 계약했다간 낭패를 볼 수도 있다. 그렇다고 건축주에게 유리하게 작성하라는 얘기가 아니다. 계약서는 어느 쪽에도 유리해서는 안 되고 중립적인 입장에서 합리적으로 작성해 공사가 원만히 진행되도록 해야 한다.

STEP 07
집을 짓다

20 기초공사

　집짓기 길잡이 ⑫

21 경량철골공사

　집짓기 길잡이 ⑬

22 패널과 창호공사
23 전기배선공사
24 급수 난방배관과 바닥 미장공사
25 외장공사
26 내장공사
27 타일공사
28 욕실 천장과 도기류, 각종 부착물공사
29 도배 및 장판공사
30 가구공사
31 내·외부 마무리공사

　집짓기 길잡이 ⑭

32 기타 부대공사
33 사용검사 그리고, 드디어 이사

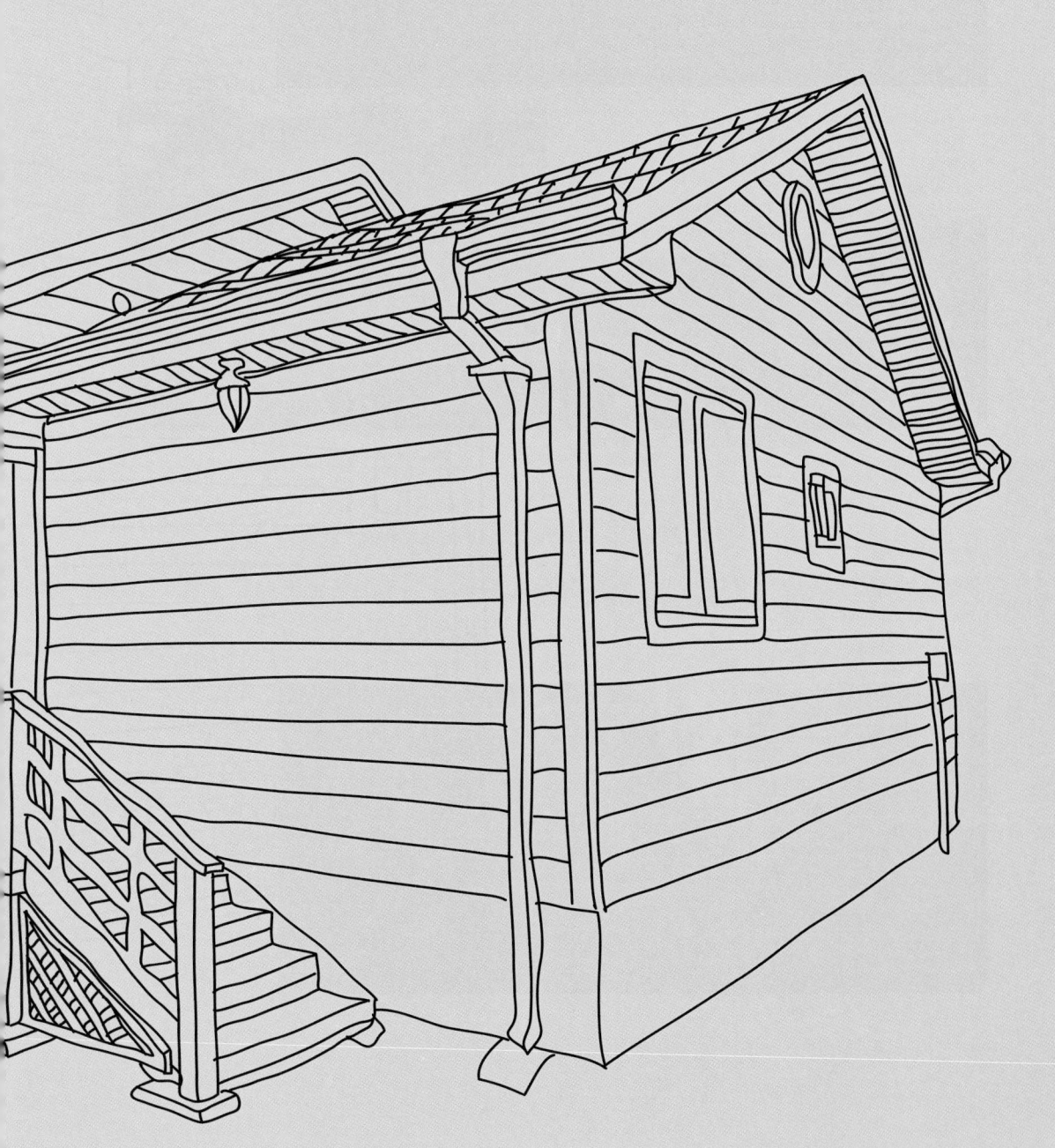

20
기초공사

시공계약을 마치자마자 착공일을 잡았다. 하필 장마가 공사기간과 맞물려 적잖이 어려움이 있을 것으로 예상되었다. 비가 잦아드는 시기에 맞춰 패널 시공까지 최대한 신속하게 마무리 짓는 것이 관건이었다.

벽체 마감과 기초 크기의 상관관계
기초공사 전, 검토할 항목들이 있었다. 건물 기초를 잘못 닦으면 되돌릴 수 없기에 신중에 신중을 기했다. 우선 검토할 대상은 기초의 크기였다. 도면에 표기된 치수는 벽 중심선을 기준으로 하기 때문에 그대로 기초를 시공했다간 낭패를 본다. 벽체 두께를 20cm로 결정하였으니, 벽체 두께는 중심선을 기준으로 10cm 밖으로 나오게 된다. 이와 더불어 외벽 마감재(시멘트사이딩)와 기단부의 마감재(파벽돌) 두께를 고려해야 한다. 마감재 결정은 아직 이르지만 기단부 마감재를 우선 정하고, 그 두께를 기초 크기에 반영하기 위함이다.
마음에 드는 파벽돌의 마감 두께를 확인해보니 접착을 위한 압착모르타르 두께까지 고려해 가장 두꺼운 부분이 40㎜ 정도였다. 들고 나간 요철 부위의 편차가 있으나 벽체 마감이 시멘트사이딩이라면 기초와 벽체 패널을 일자로 해도 무방했다.

결국 벽체 중심선에서 밖으로 외벽이 10㎝ 돌출되고, 기초도 10㎝ 내어서 시공하면 된다. 마감재 사양과 마감 시 두께에 대해 시공업체에도 확인을 했다. 그 정도 두께는 외벽과 기초를 같은 크기로 시공해도 마감상 문제가 없다는 의견이었다.

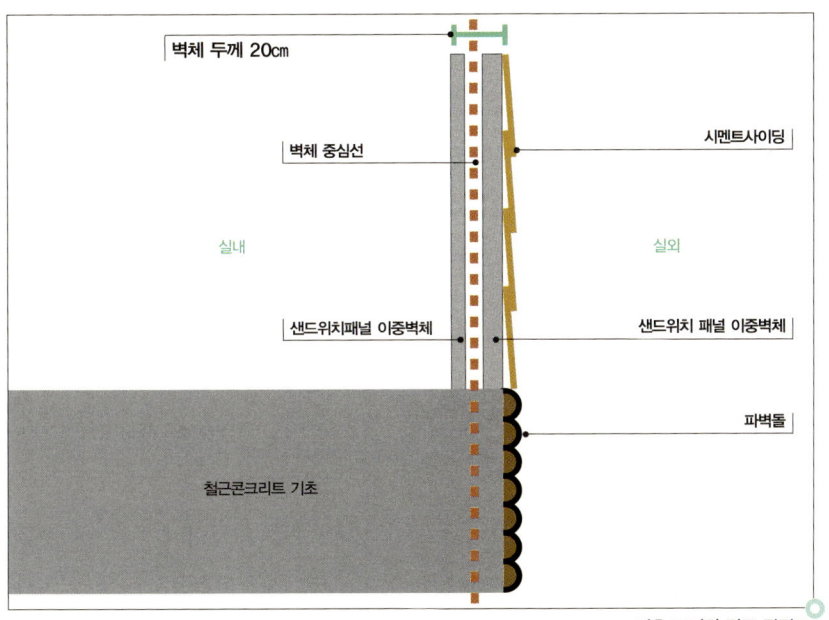

기초 크기의 검토 단면도

만약 기초 크기를 벽체 중심선에 맞춘다면 이중벽체 중 바깥쪽 벽체는 허공에 뜨게 되는 셈이다. 기단부를 파벽돌로 마감하면 안쪽으로 너무 들어가게 되어 다른 마감재를 선택하거나 두께를 맞추기 위해 별도의 공정을 추가해야 한다. 역으로 기초가 벽체보다 나오면 기초 부위와 벽체의 단차가 발생해 시각적으로 좋지 않다. 또한 마감재 두께를 기초 크기에 반영해야 함은 물론이다.

비용 절감 차원에서 기단부 마감재를 직접 구매하기로 했기 때문에 사전 점검이 반드시 필요했던 부분이다.

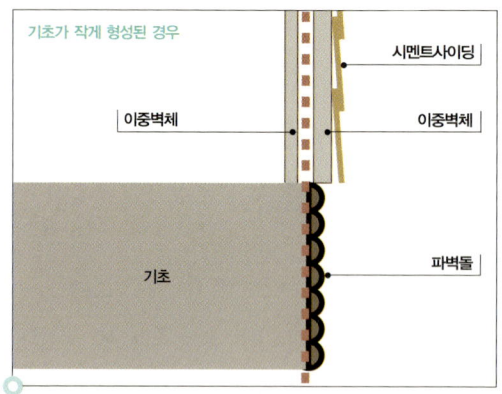
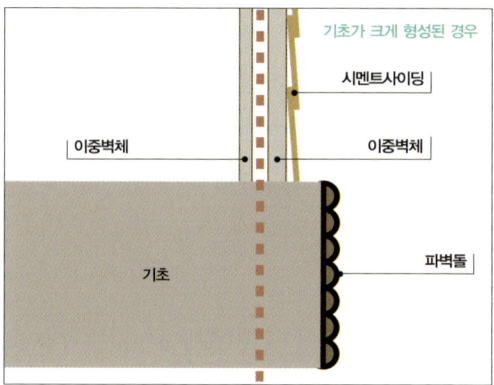

기초 크기가 잘못 시공된 경우

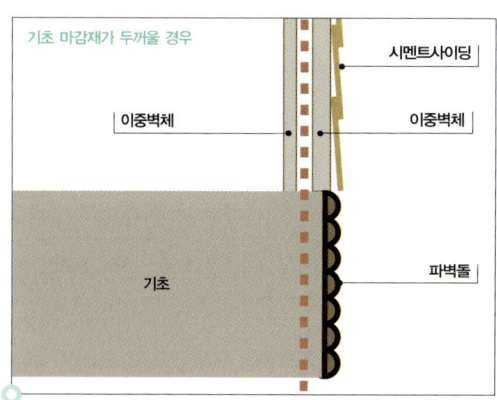
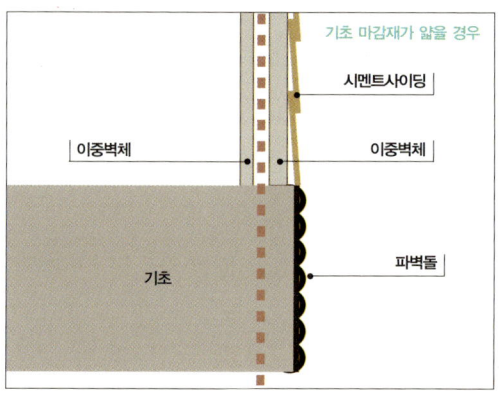

기초 마감재 두께에 따른 기초 크기 검토

데크까지 콘크리트 기초를 확장

기단부 마감재와 기초 크기에 대해 의견을 나누던 차에 시공사 대표는 데크가 형성될 부분까지 전부 기초를 형성하자는 제안을 했다. 앞서 기초 두께가 700mm로 상향 조정된 만큼 콘크리트 타설 물량을 줄이기 위해 흙으로 어느 정도 성토하자는 데 의견을 같이한 바 있었다.

"어차피 성토해서 콘크리트를 타설하면 데크 부위까지 콘크리트 기초를 확장해도 흙은 한두 대 분량 차이밖에 안 나고 콘크리트 물량도 많이 늘지 않는다"며 "데크까지 기초를 확장하면 흙의 침하나 동결 시 흙이 부풀어 올라 데크가 뒤틀리는 현상을 막을 수 있어 내구성에도 좋을 뿐만 아니라 시공비용도 줄일 수 있다"는 설명이었다. 데크의 시공 두께를 감안해 각재로 타설 전에 단을 형성해 건물 부위 보다 13㎝ 정도 낮게 잡으면 데크 마감도 걱정할 필요가 없다는 것이다.

어차피 장비가 들어와 하루 내내 작업을 해야 한다. 더구나 흙차 한두 대는 5만~10만원 차이밖에 안 난다. 이래저래 기초를 데크 영역까지 형성하는 것이 시공성은 물론 내구성에서도 훨씬 좋을 것이란 판단이 들었다.

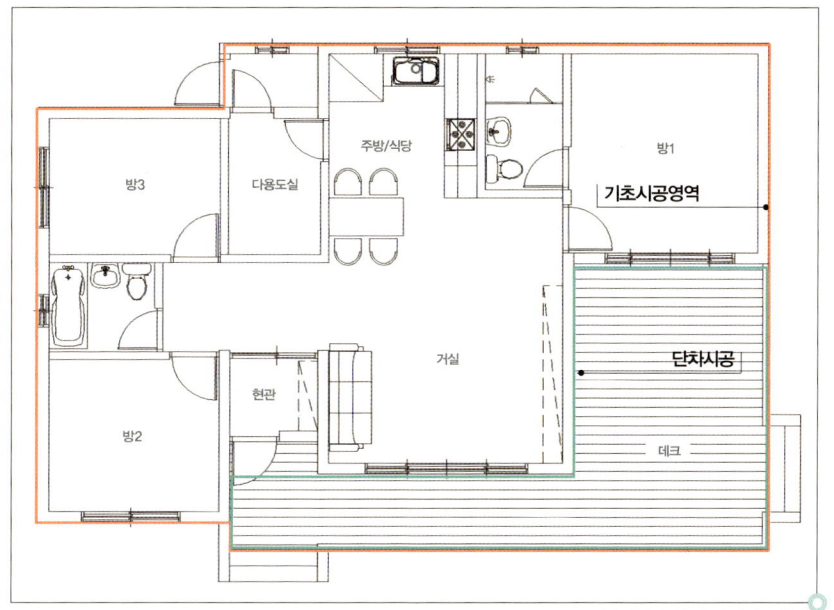

기초시공영역 및 단차시공 부위

기초공사와 함께 설치한 정화조

공사기간 동안 필자는 주말에나 현장을 볼 수 있었다. 평일에는 아버지께서 현장에 상주하면서 각 공종마다 진행 상황을 카메라로 기록했다.

공사가 시작된 첫날 아침, 성토를 위해 포크레인이 현장에 들어왔다. 장비가 들어온 김에 정화조도 설치하기로 했다. 정화조는 설계사무소에서 소개를 받아 10인용과 준공서류 처리까지 45만원에 진행키로 하고 현장에 반입해 둔 상태였다. 5인용도 충분하지만 추후 증축을 염두에 두고 가격차도 적은 10인용을 설치하기로 했다.

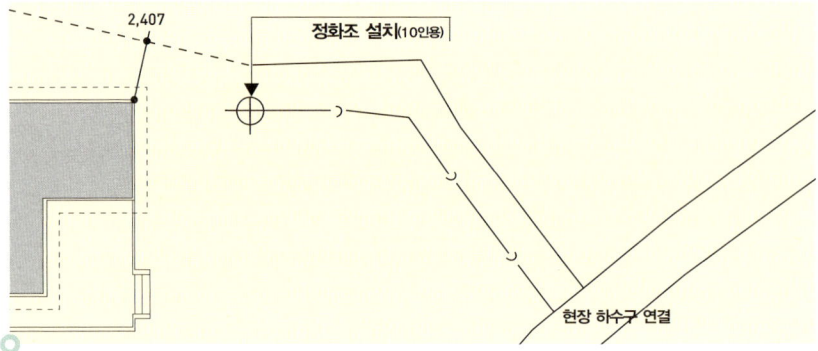

정화조 설치 위치

우선 정화조 위치를 굴착하고 하부에 모르타르를 시공했다. 그 위에 장비를 이용해 정화조 자리를 잡고 그 안에 물을 채웠다. 혹여 수압에 의해 떠오르거나 토압에 의한 파손이나 변형을 막기 위함이다.

정화조 설치

정화조 설치 후, 도로에 매설된 하수관을 일부 타공해 정화조를 통한 오수배관(PVC Ø100)과 하수배관(PVC Ø75)을 연결하고 모르타르로 마감했다. 정화조를 거치지 않은 하수배관은 실내와 직접 연결할 경우 냄새가 역류할 수 있다. 이를 방지하기 위해 중간에 맨홀을 추가로 설치해 실내에서 나오는 배관과 연결했다. 이후 배관 마감과 맨홀 설치 등은 공사 막바지에 진행할 예정이다.

오·배수 배관 연결

본격적인 거푸집 공사

정화조 공사 후 흙을 실은 트럭이 현장에 도착했다. 건물 위치를 잡고 성토 뒤 포크레인이 돋운 부위를 왕복하며 다짐을 했다. 흙의 레벨을 확인한 다음, 거푸집이 설치되었다.

성토 및 거푸집 설치

거푸집과 더불어 실내의 오·배수관(오수ø100, 배수ø75)을 배수가 원활하도록 구배를 주어 설치했다. 또한 실내 급수를 위한 배관도 기초에 매립해 외부 광역상수도에 연결되도록 하였다.

오·배수배관 및 급수 배관 설치

거푸집 설치가 끝난 후, 직각 여부를 점검하기 위해 실을 띄워 확인하고 타설 높이 700㎜ 지점을 거푸집에 표시했다.

직각 확인 및 타설 높이 표시

잘못된 기초 크기 기준과 시공

거푸집 공사를 마치고 비가 쏟아졌다. 주말까지 비가 이어지다보니 공사도 멈춰 오랜만에 집에서 쉴 생각이었다. 그러면서도 왠지 현장에 내려가 봐야 할 예감이 들었다. 기초공사가 그만큼 중요하고 기초 크기 확인도 필요했다.
1시간 10분쯤 걸려 아무도 없는 현장에 도착했다. 줄자로 잴 필요도 없이 거푸집 개수를 세기 시작했다. 거푸집 한 장의 가로 길이가 600㎜이었다. 끝자락에 400㎜, 300㎜ 혹은 200㎜ 크기의 부분품만 재보면 되었다. 그런데 좀 이상했다. 한 변의 길이가 20㎝ 짧은 것이었다. 다시 세어 봐도 마찬가지였고, 나머지 북쪽, 남쪽, 동쪽 모든 변도 20㎝씩 짧았다. 벽 두께가 20㎝이니 당연히 중심선을 기준으로 기초를 양쪽으로 10㎝씩 늘려 시공해야 하는데, 현장 시공팀이 기초 크기를 건물 중심선에만 맞춰 작업한 것이 틀림없다. 시공사 대표에게도 기초 크기 기준과 선정에 대해 충분히 전달했던 바였다. 작업 지시에 문제가 있었거나 시공팀에서 오류를 범한 건지는 알 수 없었다. 분명한 것은 건물 중심선으로 표기된 도면을 전달하였고, 벽 두께를 감안해 기초 크기를 정하는 것은 당연한 일이었다. 급히 시공사 대표에게 연락을 취해 확인을 요청했다.

"기초부터 경량철골, 그리고 패널 시공까지 도맡아서 시공할 팀장이 착각을 한 것 같습니다. 문제 부분을 수정하겠습니다."

전화를 받고 바로 현장을 찾은 시공사 대표가 재시공을 약속했다.

왠지 모를 불안감이 돌았다. 패널공사까지 마칠 시공팀은 3명이 한조로 오랫동안 손발을 맞췄는지 작업속도가 상당히 빨랐다. 그러나 공사 초기부터 이런 문제에 직면하다보니 후속 공사가 걱정되었다.

다음날 아침, 현장에서 시공사 대표가 신고도면을 작성한 설계사무소 연락처를 물었다. 짐작컨대 도면상에 치수선의 중심선 표기 유무를 알아보려는 듯했다. 설계사무소에 연락해도 뻔한 사실을 굳이 확인하려는 것에 기분이 다소 상했지만, 내색하지 않고 기다렸다.

"현재 상태에서 기초 거푸집을 재시공하지 말고 일단 기초를 타설하죠. 대신 기초 마감을 위해 드라이비트(외단열시스템) 등으로 별도 공사를 한 뒤에 기초 파 벽돌을 작업하면 어떻겠습니까?"

일단 잘못 시공된 점을 인정하고 대표가 수정안을 제시했다.

"저도 웬만하면 재시공을 안 하는 것이 바람직하다고 생각합니다. 하지만 이 경우는 다른 거 같아요. 10㎝ 차이가 나면 외벽 패널뿐만 아니라 경량철골 기둥도 기초 밖으로 일부 걸치기 때문에 집 크기가 줄어드는 것을 피할 수가 없잖아요. 그렇게 하더라도 하나의 공종으로 마칠 일을 단계를 나누어 여러 자재를 쓰면 내구성이 떨어지게 됩니다."

아직 콘크리트도 타설하지 않은 상태에서, 차라리 지금 거푸집을 재시공하는 것이 별도 공사를 하는 것보다 여러모로 유리했다. "집 크기를 줄이는 방법도 있겠지만, 주방 크기를 비롯해 현재 도면에서 여유가 있는 편이 아니라 면적을 줄이는 것 또한 적절하지 않다"며 거푸집의 재시공을 강력히 요청했다.

일단 결론을 내지 못하고 전화를 끊었으나, 아마도 현장의 시공팀들과 재시공을 두고 마찰이 있는 듯했다. 당장 후속 공정도 걱정되었으나, 어찌되었든 사안별로 합리적으로 대처하기로 마음먹었다. 얼마 지나지 않아 책임지고 거푸집을 재시공하겠다는 연락이 왔다.

250㎜ 간격으로 D10 이형철근을 격자 배근

거푸집 재시공 후 타설 높이를 재차 확인하였다. 바닥으로부터의 습기와 냉기를 막기 위해 비닐과 은박매트를 깔고 D10 이형철근을 250㎜ 간격으로 격자 배근하였다. 그리고 테두리 부위는 철근을 절곡해 세로로 내려 수직으로 배근하고, 철근의 하부 피복 두께(흙바닥에서 철근까지의 거리)를 확보하기 위해 시멘트 벽돌로 철근을 고였다.

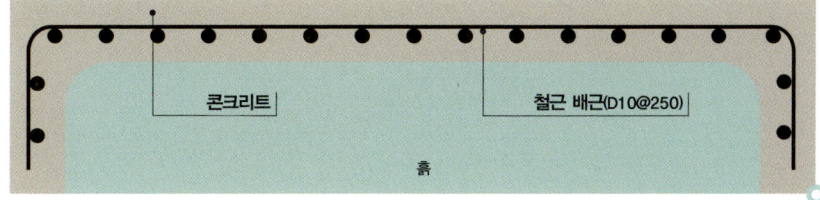

기초철근 배근 개념도

철근 배근을 마치고 타설 과정과 타설 후 콘크리트 압력 때문에 거푸집이 변형되는 것을 막기 위해 거푸집 외부에 강관파이프를 보강하고 철근과 타이핀을 용접했다. 한편 건물 후면에는 어머니께서 장독대를 원해 남은 자재로 1,200×2,400㎜ 크기의 거푸집을 세우고 철근을 별도로 배근했다.

배근 완료 및 장독대

타설 전 마지막 작업으로 데크가 놓일 자리를 13㎝ 정도 낮춰 타설하기 위해 각재를 형성하였다.

각재작업

기초 타설을 위한 모든 준비가 끝났다. 다음날 일찍부터는 본격적인 콘크리트 타설이 시작되었다. 펌프카가 자리를 잡고 붐대를 편 다음, 테두리 부분부터 타설이 진행되었다.

콘크리트 타설

엘앵커와 베이스플레이트

타설 작업이 끝난 뒤 물이 어느 정도 빠지기를 기다려 미리 조립해 놓은 엘앵커(L-Anchor)와 베이스플레이트(Base Plate)를 설치했다. 엘앵커는 이후에 경량철골을 시공할 때, 지붕 트러스를 떠받치는 주요 기둥을 바닥에서 지지하는 역할을 한다.

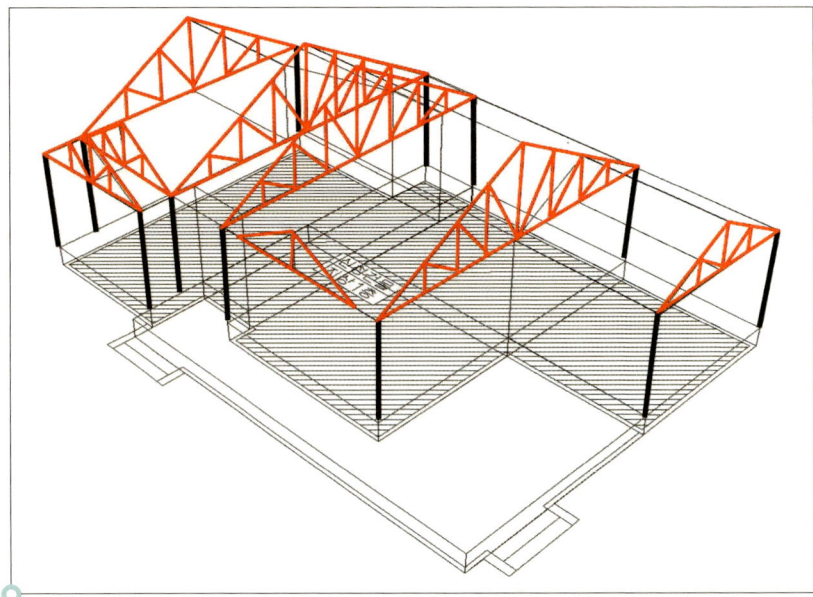

주요 기둥 및 트러스 위치 개념도

조립된 베이스플레이트 및 시공

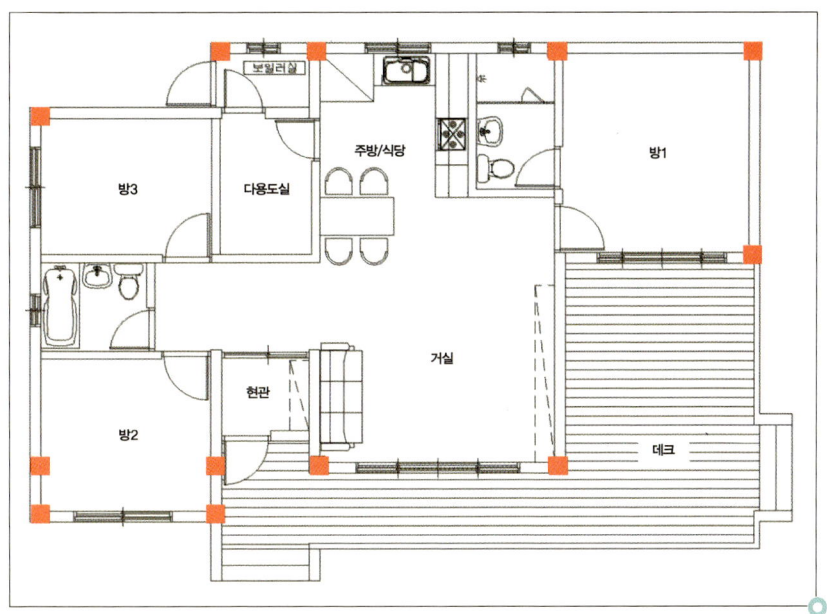

엘앵커와 베이스플레이트 시공

콘크리트 타설은 물론 베이스플레이트 설치도 끝났다. 이젠 양생이 잘 되기를 기다리면 된다. 콘크리트의 적절한 양생을 위해서는 비닐을 덮은 후 물을 뿌려주면 좋다. 급격히 건조가 일어나면 균열이 생기기 때문이다. 때마침 날씨가 흐려지면서 비가 올 듯했다. 다음날 비가 온다면 콘크리트 표면에 자국이 생길 염려도 없고, 양생에도 좋은 조건이 될 것이다.

적당하게 확보한 뒷마당

건물 후면에 뒷마당 확보를 위해 건물을 단지도록 형성한 부분을 둘러보니 예상했던 적절한 공간이 나왔다. 건물의 벽체가 형성되면 보다 아늑해질 것이다. 현장에서 나오면서 도로에 잠시 서서 현장을 바라보니 넓은 앞마당과 남향의 건물 기초가 눈에 들어왔다. 기초를 무사히 마쳤으니 이제 반은 끝난 것이나 다름없다.

뒷마당

도로에서 본 전경

집짓기 길잡이 ⑫

○ **콘크리트와 철근의 규격 및 물량에 대하여**

철근콘크리트 공사는 콘크리트와 철근이 많이 소요되지만 조립식건물에서는 기초공사에만 소요된다. 그렇다고 해서 적은 물량은 아니므로 철근의 규격 표시와 대략적인 물량을 검토할 필요가 있다.

먼저 콘크리트에 대하여 살펴보자.
콘크리트는 모래, 자갈, 쇄석 등의 골재를 혼합해 시멘트를 물에 개어서 굳힌 것으로 충주 현장의 경우 25-21-12의 콘크리트를 사용하였다. 각 숫자의 의미는 왼쪽부터 굵은 골재 최대치수-콘크리트강도-슬럼프치이다. 굵은 골재 최대치수의 단위는 ㎜이고, 강도는 MPa, 슬럼프는 ㎝이다(각 항목들의 자세한 사항은 **전문적인 기술이 필요하므로 생략한다**). 조립식주택의 기초공사에서 이 정도 규격의 콘크리트면 충분하다고 판단했다. 콘크리트 물량은 부피(㎥)로 표현하며 현장에서 '루베'라고도 한다. 콘크리트는 보통 공장에서 레미콘차로 현장에 배달되며 레미콘 한대에 6㎥를 운반할 수 있다. 예를 들어 기초의 크기가 8×12×0.5m(가로×세로×높이)라면 48㎥의 콘크리트 물량이 소요된다. 한 차에 6㎥이므로 48÷6=8대로 물량이 계산된다. 물론 철근의 부피를 공제해야 되지만 계략적인 검토이므로 생략하였다.

다음으로 철근에 대하여 알아보자.
철근은 대부분 이형철근(**표면에 특수한 돌기를 만들어 콘크리트 속에 묻혔을 때 부착강도를 높이도록 만든 철근**)을 사용한다. 규격은 철근 굵기에 따라 D10, D13, D16, D19 등으로 표시하며 조립식주택의 기초에서는 D10 또는 D13 정도면 충분하다.
도면에 D10Ø250이라고 표시되어 있다면 D10의 철근을 250㎜ 간격으로 배근하라는 뜻이다. 철근의 물량은 무게 톤(Ton)으로 계산되며 필요한 철근의 길이에 철근 규격에 따른 미터당 무게를 곱해 필요한 철근의 물량을 대략 산출할 수 있다.
예를 들어 기초의 크기가 8×12m에 D10의 철근을 250㎜ 간격으로 배근한다고 가정하자. 8÷0.25=32에 양쪽 끝 배근을 고려하여 12m씩 33대의 철근이 필요하고, 12÷0.25=48에 양쪽 끝 배근을 고려해 8m씩 49대의 철근을 더해 12×33+8×49=788m의 철근이 필요하게 된다. 물론 피복 두께(철근에서 콘크리트 표면까지 거리) 확보를 고려해야 하지만 대략적인 검토이므로 생략하였다. 산출된 철근의 길이에 D10철근의 단위 길이당 무게 0.56kg/m를 곱해 788×0.56kg/m=441kg, 즉, 약 0.5ton의 철근이 필요한 것이다.

* **철근 규격별 단위 길이당 무게**
    D10=0.56kg/m
    D13=0.995kg/m
    D16=1.56kg/m
    D19=2.25kg/m

21
경량철골공사

콘크리트 타설 다음 날 비가 내렸다. 양생에 최적의 조건이었다. 타설 후 3일째 되던 날, 거푸집을 해체하고 보니 콘크리트 표면도 재료의 분리 없이 아주 잘 양생되었다. 또한 데크 부위의 단차도 잘 형성되었는데, 콘크리트에 물이 고이지 않게 안쪽에서부터 외부로 구배를 둔 점 역시 만족스러웠다.
이제는 각관 및 C형강을 재단 후 용접해서 구조체를 세우는 공사를 진행해야 하는데, 내내 비가 그치질 않았다.

기초 거푸집 해체

일기예보를 예의주시하면서 작업을 재개하였다. 먼저 기초 위에 외벽체와 내벽체 위치를 먹으로 표시하고, 베이스플레이트를 시공한 부분의 레벨(높이)을 정확히 측정해 기둥을 재단하였다. 그리고 미리 시공계획을 세워둔 바와 같이 콘크리트 기초 위에 트러스의 현도(현물과 동일 치수로 그려진 도면)를 그려 필요한 트러스를 제작했다.

필요한 기둥과 트러스 등 각 자재들의 재단과 제작을 마친 후 베이스플레이트 위에 기둥을 용접하고, 기둥과 기둥 사이에 수평의 부재도 용접하였다. 다음, 카고 크레인으로 제작한 트러스를 들어 올려 정해진 위치에 안착시켜 용접한 후, 트러스 위를 가로지르는 중도리(Purlin)를 용접해 전체 철골의 윤곽을 완성했다.

외부 PL창호 위치에 창호의 무게를 지지하기 위한 경량철골재를 설치하고 가새 등도 보강하였다. 마지막으로는 용접 부위의 부식을 막기 위해 징크 프라이머로 용접 부위를 도장하여 경량철골공사를 마무리지었다.

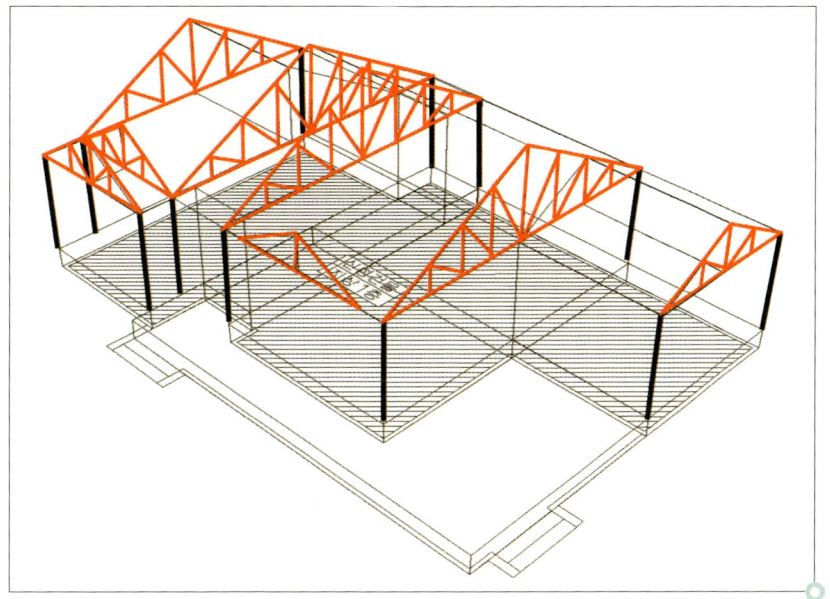

주요 기둥 및 트러스 개념도

기둥 및 트러스 완료

경량철골공사 완료

외부로 드러나는 삼각지붕의 비례

철골공사 진행 과정은 이전 현장의 시공자료에서 확인하여 달리 궁금한 사항은 없었다. 다만, 지붕 형태 중 거실창 위 작은 트러스의 크기가 방 측의 트러스보다 작게 형성되어야 한다는 점은 주요 관심사였다. 도로 쪽에서 봤을 때 정면에 드러나는 두 개의 삼각지붕이 시각적으로 안정감이 있어야 한다. 이를 위해선 거실 측 트러스가 방 측 트러스보다 크면 안 된다.

두 개의 크기가 비슷하면 도로 쪽에서 봤을 때 비례가 맞지 않는다. 더구나 처음 콘셉트도 도로에서 봤을 때 안방이 우선 드러나고 거실의 돌출된 부분과 다음으로 방 측면이 더 튀어나오게 볼륨감을 주어 시각적으로 답답하지 않고 넓게 보이도록 의도하였던 부분이다.

거실창 상부의 삼각지붕이 방 측 상부와 크기가 같다면 도로에서 봤을 때, 거실 부분이 더 가까이 있어 상대적으로 크게 보여 비례가 맞지 않아 안정감이 없게 된다.

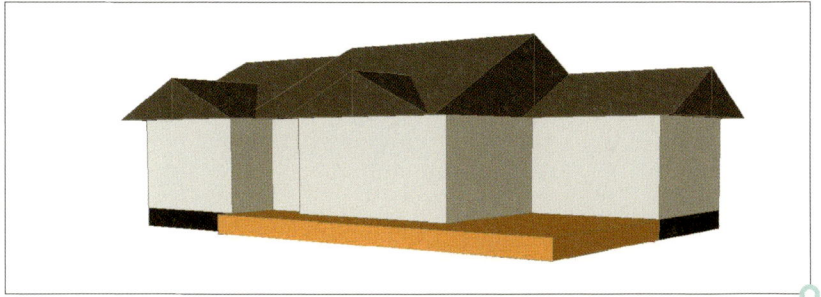

거실창 상부 트러스와 방 측 상부 트러스 크기가 같은 경우

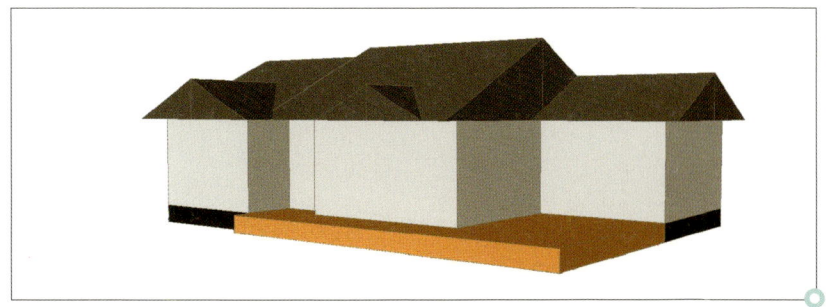

거실창 상부 트러스가 방 측 상부 트러스보다 작게 형성된 경우

트러스 비교

개념을 달리한 천장 형태

거실 천장을 형성하기 위한 철골재가 적절한 모양으로 시공되었는지도 점검하였다. 거실에 소파 자리 뒤쪽 벽이 짧기 때문에 거실이 협소하게 느껴질 수 있는 문제였다. 이를 시각적으로 해결하기 위해 기존에 많이 쓰이는 박공모양 대신 한쪽으로 경사를 주어 거실의 경계가 소파 뒤쪽 끝이 아닌 식탁 앞까지 연장되도록 천장 공간을 형성하기로 했다. 그런데 시공업체의 기존 시공사례들을 보면 박공 형태로 천장을 형성한 것이 대부분이었기에 내심 걱정이 앞섰다. 현장의 시공자들은 기존 방법을 고수하고자 하는 경향이 있기 때문이다.

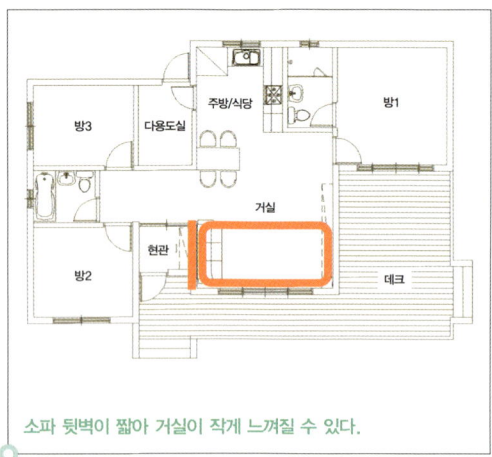

소파 뒷벽이 짧아 거실이 작게 느껴질 수 있다.

거실 천장의 변화로 공간이 명확하게 구획된 만큼 거실이 넓게 보이도록 하는 것이 필요하다.

거실 공간 개념

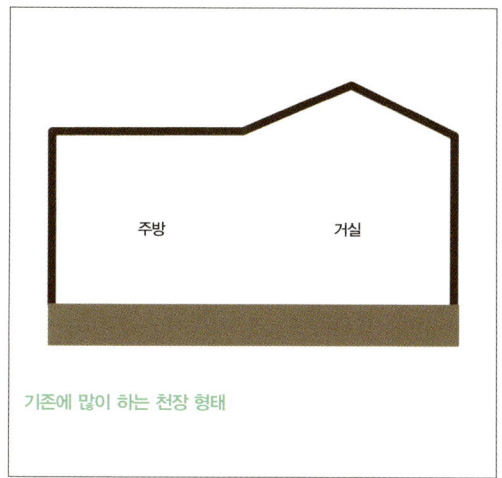
기존에 많이 하는 천장 형태

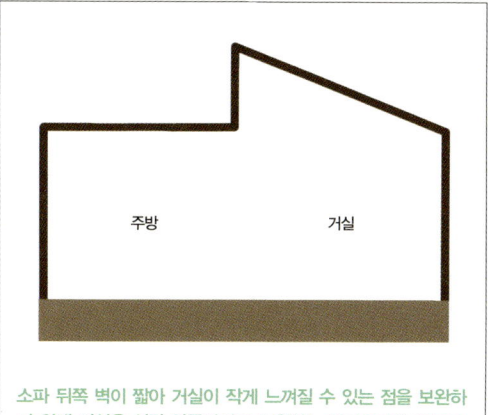
소파 뒤쪽 벽이 짧아 거실이 작게 느껴질 수 있는 점을 보완하기 위해 거실을 식탁 앞쪽까지로 구획하는 경사천장을 만들었다. 시각적으로 시원하고 넓어 보이는 효과를 낼 수 있다.

천장 형태 개념도

아버지를 통해 천장 골조를 확인하다 뭔가 잘못되었다는 것을 발견했다. 우려했던 바와 같이 현장 시공팀이 기존 방식대로 천장을 박공 모양으로 시공한 것이다.

거실 상부 천장의 오시공

시공사 대표에게 연락해 확인을 부탁했다. 현장 시공팀에 제대로 작업 지시를 못 내린 본인 잘못이라며 패널 시공 전까지 수정해 후속공정을 진행하겠다는 답을 받았다. 혹시 기존 방법을 고수할까봐 걱정했지만, 건축주가 의도하는 콘셉트를 존중하고 바로 수정해 마음이 놓였다.

시공 오류로 좁아진 거실 면적

철골공사가 완료되고 다시 비가 이어져 패널작업이 미뤄졌다. 비가 오는 기간에 주말을 틈타 현장에 내려갔다. 철골작업을 마친 현장을 이곳저곳 둘러봤다. 전체적으로 견고하게 잘 형성되었으나, 문제점 하나가 발견되었다. 현관 오른편의 철골기둥이 우측으로 20㎝ 밀려서 자리잡은 것이다. 결과적으로 현관의 면적은 커졌지만 대신 거실이 좁아졌다.

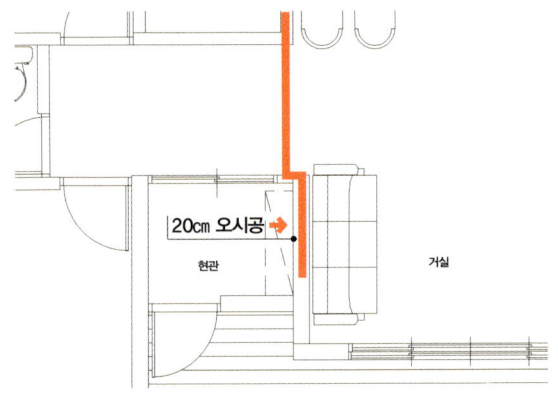

▲ 현관 우측벽의 잘못된 시공 부위

문제는 현관 우측 철골기둥만 재시공하면 될 일이 아니었다. 거실의 메인트러스까지 뜯어 고쳐야 할 상황이었다. 중도리와 보강철골들이 모두 시공된 상태라 재시공이 좀처럼 쉬워 보이지 않았다.

당초 현관 우측벽과 다용도실 우측벽을 일자로 해 일체감을 주도록 설계한 것이다. 방법을 달리해 현재 시공된 현관 크기대로 다용도실을 늘리면 주방 역시 좁아질 수밖에 없다. 시공업체 대표도 난감해했다. 순간 머릿속에 여러 생각들이 지나갔다. 지금 재시공을 한다면 시공사의 지출도 늘어날 뿐만 아니라 비도 자주 내려 공사기간도 늦춰질 것이 분명했다.

건축주 입장에서 선택의 기로에 섰다. 잘못 시공된 부분이 주택 성능에 영향을 미치는 부분도 아니고, 20㎝가 줄어든다고 거실이 비좁아지는 것은 아니었다. 다만 그대로 두고 시공한다면 천장 공간 부분과 다용도실 우측벽 부분이 20㎝ 정도 틀어져 마감 시에 신경쓸 일이 많을 것으로 판단되었다.

"대표님, 시공사 입장에서도 손실을 보게 될 것 같고 시공기간도 늘어질 게 뻔한 상황에서 재시공 없이 그대로 진행하죠. 대신 나머지 공정에 신경을 더 써 주십시오."

기초공사에 이어 또다시 이런 문제점이 발생되고 보니 시공에 대한 우려를 표하지 않을 수 없었다.

"여러 가지로 이해해주셔서 고맙습니다. 앞으로의 공정은 차질 없이 진행하고, 미진한 부분들도 직접 챙기겠습니다."

시공사 대표의 약속이 있었지만, 건축주의 입장에서 불안한 마음은 좀처럼 가시질 않았다.

집짓기 길잡이 ⑬

조립식주택의 공사진행 순서는 어떻게 될까?

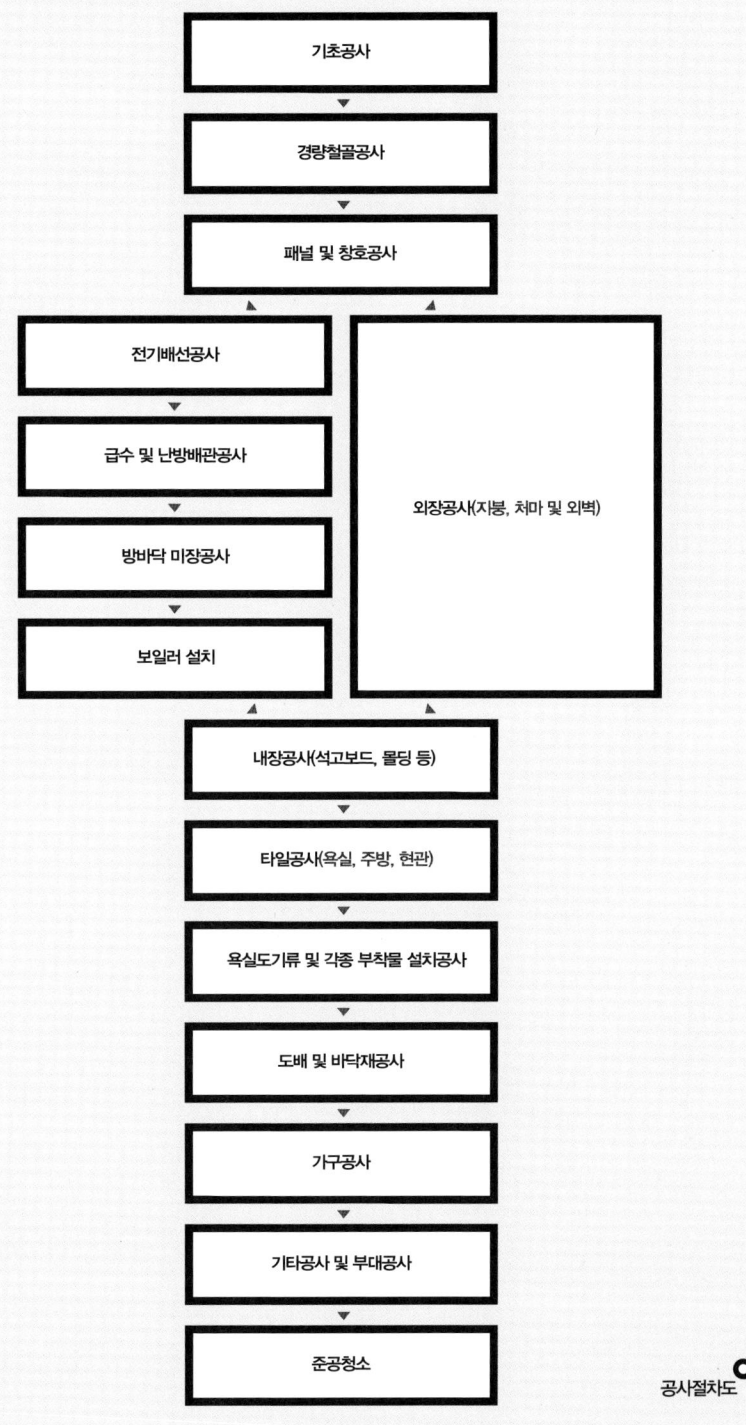

공사절차도

STEP 07 집을 짓다

○ 공사 진행에 앞서 전체 프로세스를 이해하고 있어야 건축주가 준비할 부분이나 마감재 등의 결정시기 등을 사전에 파악할 수 있다.

조립식주택이라고 해서 다른 주택과 절차상으로 크게 차이가 나지는 않는다. 기초 위에 경량철골을 이용해 구조체를 형성하고 패널을 시공한 후, 창호를 시공하면 전체 건물 형태가 완성된다. 그 이후로 전기배선, 설비배관공사, 방바닥공사를 진행하고 그와 동시에 외장공사를 진행하여 공기를 줄일 수 있다. 외장공사는 내부공사와 간섭되는 사항이 없으므로 현장 상황에 따라 적절히 조절하여 공사를 진행하면 된다. 그리고 내부에 석고보드 시공, 천장 및 걸레받이 몰딩 시공, 타일 및 각종 도기류 등을 시공 후 도배·바닥재공사 및 가구공사 등을 진행한다. 그런 다음에 부대공사와 수도, 가스 등 각종 인입공사를

○ 진행하여 마무리하면 공사가 완료된다.

물론 위의 절차도는 정해져 있는 것이 아니고 상황에 따라 달리 적용할 수 있다. 전체의 절차를 이해한 후 공사비 지불시점과 마감재 선택 등 일정에 참고

○ 하면 된다.

22
패널과 창호공사

경량철골공사는 마무리되었다. 비가 언제 또 올지 모르는 상황이라 서둘러 패널 자재가 현장에 반입되었다. 드디어 조립식 이중벽체의 공사가 시작된 것이다. 이중벽체의 성능을 제대로 발휘하기 위해서는 외벽패널, 지붕패널, 실내쪽 패널 설치 시 경량철골이 노출되지 않고, 틈이 발생하지 않도록 꼼꼼하게 시공하는 것이 관건이다.

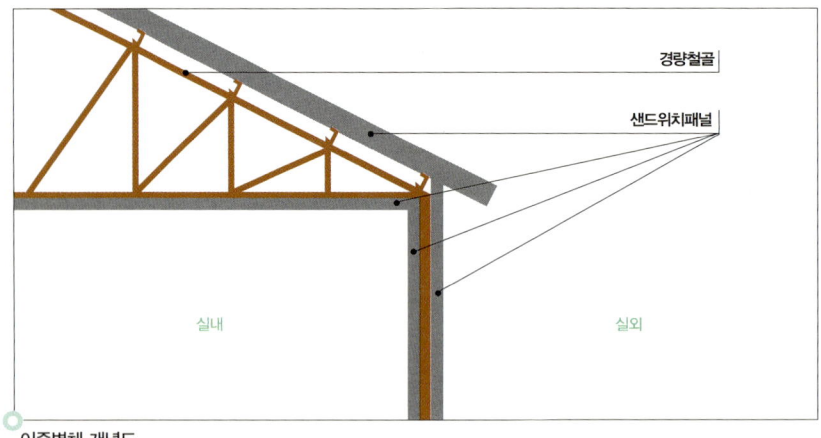

이중벽체 개념도

실내에서는 벽체와 천장 모두가 이중벽으로 둘러싸여 있어야 한다. 어느 한 곳도 경량철골이 노출되도록 시공해서는 안 된다.

외벽 및 지붕패널 시공부터

먼저 외벽체의 바깥쪽 패널을 시공하였다. 패널을 통과하여 경량철골에 정착될 정도 길이의 스크류 볼트를 이용하여 고정시킨다. 외벽체 설치 완료 후 지붕패널을 시공하였다. 지붕패널 주문 시에는 처마길이를 500㎜ 정도 확보할 것을 감안해 주문하였다.

외벽 바깥쪽 패널 시공

지붕패널 시공

지붕패널 시공을 마치면 건물 외관은 완료된 셈이다. 이어서 실내 천장패널을 시공할 차례다. 천장 공간 형성을 위한 경량철골도 패널 시공 전 검토하였다. 천장 공간 높이는 삼파장 매입등 시공과 향후 천장 내부의 유지관리와 보수를 위해 필요한 깊이를 반영해 철골재를 수정하였다. 천장패널 시공과 더불어 천장의 층고 형성을 위한 패널도 동시에 진행했다.

층고를 확보하기 위한 철골재 수정

천장패널 시공

비례를 고려한 거실창 폭의 재조정

천장패널 시공 후 외벽체의 창호 부분을 타공해 창틀을 확보했다. 기초공사가 진행될 즈음, 거실창 크기를 3,000㎜에서 2,700㎜로 줄여 견적을 낮췄던 적이 있다. 그런데 창의 가로세로 비례가 맞지 않으면 전체 외관을 해칠 수도 있겠다는 생각이 불현듯 들었다. 당장 창 폭이 3,000㎜일 때와 2,700㎜ 때를 1/100 축척으로 그려보았다. 막상 그려놓고 보니 2,700㎜의 경우 가로 세로의 비례가 어색해 보였다. 비록 폭의 차이는 300㎜에 불과하지만 느낌은 확연히 달랐다. 다행히 창호 발주 전이라 부랴부랴 창 폭의 크기를 3,000㎜로 다시 변경하였다.

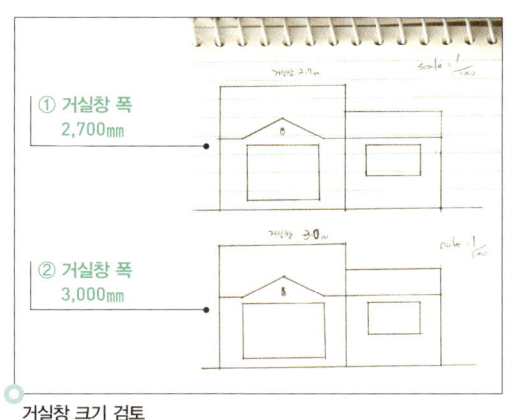

거실창 크기 검토

창틀 타공

틈새 부위는 우레탄 폼으로 충진

창틀 시공 후 이중벽체 중 안쪽 벽체를 먼저 작업했다. 내벽(칸막이벽) 설치에 필요한 U바를 달고 내벽을 시공하였다.

창틀 및 이중벽체 중 안쪽벽체 시공

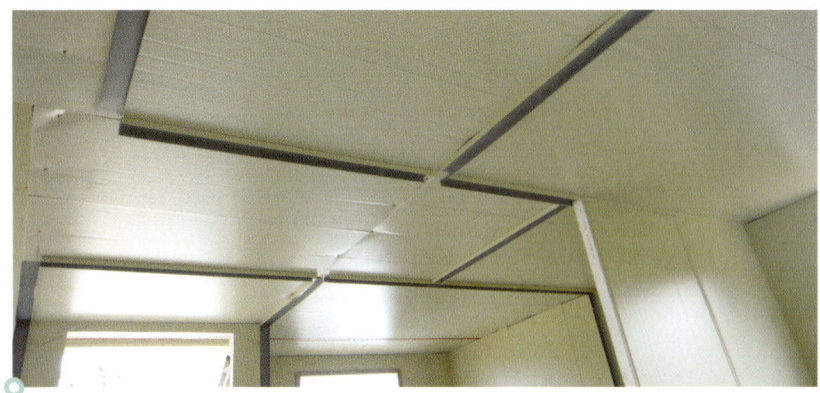
내벽 설치를 위한 U바 시공

모든 패널 시공을 완료한 후 패널과 패널이 만나는 부위나 창틀 부위에는 어김없이 우레탄 폼으로 충진하였다.

천장 내부는 보일러실 상부에 별도의 점검구를 마련해 언제든지 올라가 볼 수 있도록 하였다. 천장 내부에서 집 전체를 두루 볼 수 있고 점검도 가능하다. 뿐만 아니라 누수 같은 하자 발생 시 효율적으로 점검하고 고칠 수 있는 통로 역할도 톡톡히 한다.

패널까지 공사를 마치고 나니 집의 형태가 한눈에 들어왔다. 설계했던 대로 건물 형태가 틀을 갖추게 된 것이다. 안방 앞에서 현관으로 이어지는 데크 자리도 윤곽이 잡혔다. 또한 건물 후면 뒷마당도 벽체가 시공되고 나니 더욱 아늑한 느낌이 들었다.

패널 시공 후 전경

데크 부위 기초

건물 후면

실내도 내부패널이 완성된 후 공간감을 충분히 느낄 수 있었다. 현관문을 통해 중문을 지나 우측으로 시선을 돌리면 한쪽으로 비상하듯이 천장이 형성돼 거실이 자연스럽게 구획된다.

▶ 현관 전실에서 바라본 거실

▶ 거실 창쪽에서 바라본 거실 및 주방

23
전기배선공사

패널공사를 마치고 실내 전기배선공사가 이어졌다. 전기배선공사는 실내외 마감과 연결되는 바가 적지 않아 기초공사 전부터 전체 콘셉트에 대해 시공업체와 검토한 사항이다.

내외부에 최대한 심플하고 간결하게 통일된 마감재를 사용하자는 데 의견이 모아졌다. 특히 실내의 거실 천장 마감이 주요 관심사였다. 처음에는 전원주택에서 흔하게 쓰는 방법인 목재를 사용해 서까래 모양의 장식보를 만들거나, 목재루버로 마감할까도 생각했다. 그러나 '저렴한 비용으로 단순하면서도 허전하지 않은 방법이 무엇일까? 고민한 끝에 등기구를 효과적으로 활용하기로 결론을 내렸다.

거실 천장 가운데 샹들리에로 멋을 내고 그 주변에 삼파장 매입등을 설치하기로 했다. 천장의 장식효과뿐만 아니라 평소에 부모님만 계실 때에는 샹들리에를 제외한 삼파장 매입등을 점등하여 절전도 할 수 있으리라 판단하였다. 이를 감안해 사전에 콘센트는 물론 스위치와 등기구 위치까지 도면에 표시해 시공업체 측에 전달하였다.

소홀하기 쉬운 등과 콘센트 위치 선정

우선, 건물 전면에는 3개의 외부 벽부등을 배치하였다. 방쪽 창과 거실창 상부에 각각 두고, 안방 앞쪽은 설치할 곳이 마땅치 않아 데크 전체를 잘 비추도록 거실 외벽 쪽에 두었다. 건물 후면에 뒷마당을 밝힐 조명까지 더해 총 4개의 벽부등을 설치했다. 현관 외부와 현관에는 야간에 데크 계단의 통행에 불편함이 없도록 센서등을 달기로 했다.

내부의 거실 천장 가운데에 샹들리에를 달고 주변에는 일정 간격으로 삼파장 매입등 6개를 설치했다. 안방과 현관 앞 전실 등 천장 공간이 아닌 곳에도 매입등을 두어 장식효과와 더불어 보조조명이 되도록 했다.

안방은 장롱 배치를 고려해 등의 위치를 선정하였고, 주방등은 식탁등과 겹치지 않으면서 주방가구쪽을 더 비추도록 배치했다.

등기구의 위치 선정과 함께 콘센트와 스위치 배치도 고려했다. 소등 후 안방 진입이 쉽도록 거실등 조작은 안방 앞에서 이뤄지도록 하였고, 전면의 외부 벽부등은 현관 뒷벽에 스위치를 두었다.

전자레인지나 전기밥솥용 콘센트 설치와 조리대 상부에 믹서기 등의 사용을 위한 콘센트도 가구나 전자제품의 배치를 고려해 위치를 정했다. 한편, 분전함은 신발장 뒤쪽 벽에 설치하고 신발장 뒤판을 타공해 조작이 가능토록 하였다.

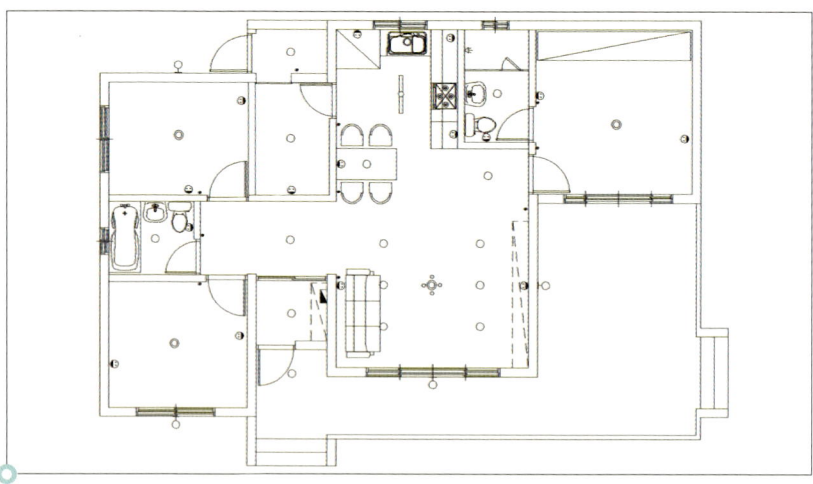

콘센트, 스위치, 등기구 위치도

콘센트, 스위치, 등기구의 위치 검토를 마친 후, 거실 천장 매입등과 각 등기구들의 위치별 조작 범위를 결정했다. 전면 외부 벽부등 3개는 각각 점등이 가능하면서 현관 뒷벽 스위치에서 조절되도록 하였다. 거실 샹들리에와 천장 매입등, 안방 앞 천장 매입등은 안방문 옆 스위치에서 점등토록 하였고 주방등, 식탁등, 현관 앞 전실 천장 매입등은 식탁 옆 벽 스위치에서 조절하도록 배치하였다. 보일러실의 등과 건물 후면 벽부등은 모두 보일러실 내부에서 점등되도록 하였다.

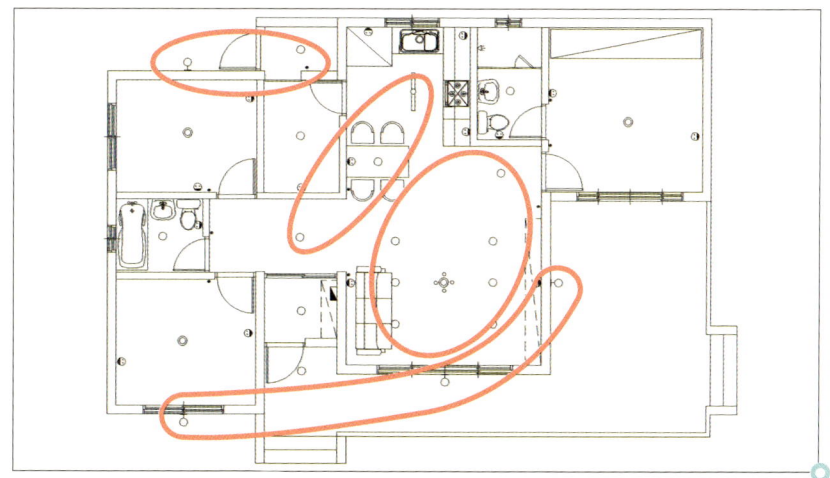

등기구 조작 그룹 결정

천장 매입등의 스위치 조합

거실 천장의 매입등은 각각 하나씩 점등하도록 스위치를 두면 개수가 너무 많아진다. 뿐만 아니라 6개를 한 번에 조절하는 것 역시 효율적이지 못하다는 생각이 들었다. 그래서 2개의 스위치로 6개의 매입등을 조절토록 정했으나, 문제는 스위치 한 개당 어느 위치의 등을 조합해 연결할지가 고민이었다. 당초 왼쪽 2개, 오른쪽 1개식으로 좌우로 조절하는 안을 염두에 두었다. 그런데 아버지께서 텔레비전을 볼 때, 상부의 매입등을 소등하고 반대편은 점등하여 조도를 확보하는 것이 눈부심도 방지한다는 안을 내놓으셨다. 이를 반영해 왼쪽 3개, 오른쪽 3개로 양분해 스위치 2개로 점등되도록 배치하였다.

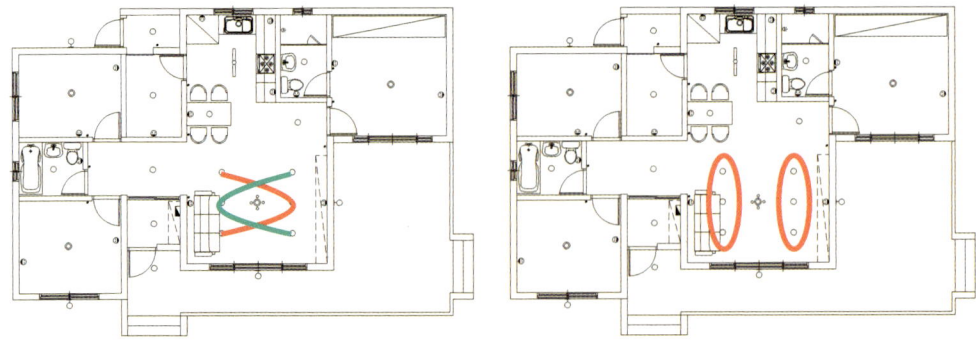

거실 천장 매입등 점등 방식 검토

감이 잡히지 않은 매입등 사이즈

한 가지 결정이 더 남았다. 모든 등기구를 직접 구매하기로 한 만큼 사용할 삼파장 매입등의 크기를 결정해 시공사에 미리 알려줘야 했다. 그 크기에 맞춰 매입등 설치 위치에 천장패널을 타공해야 하기 때문이다.

매립등은 4″, 4.5″, 5″, 6″ 등의 크기가 주로 사용되는데, 어떤 사이즈를 선택할지 감이 오질 않았다. 건축업을 하면서 전원주택에 살고 있는 지인에게 물어봐도 "일반적으로 쓰는 거"라는 대답만 돌아왔다. 아무래도 전기는 별도 외주공사를 맡긴 듯하다.

주변에 설치된 삼파장 램프의 사이즈를 직접 측정하기로 나섰다. 그런데 천장 높이나 주광원으로의 사용 여부 등 각각의 조건이 다르다 보니 헷갈리기는 매한가지였다.

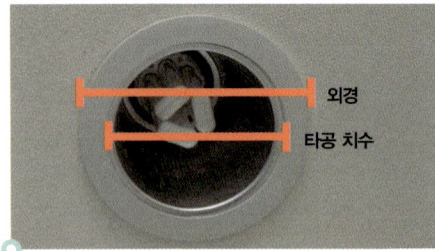

삼파장 매입등의 타공치수와 외경

인치	타공치수(mm)	외경(mm)	높이(mm) - 필요한 천장 속 공간
4″	102	125	145~155
4.5″	120	145	155~165
5″	130	155	155~160
6″	150	175	165~170

삼파장 매입등의 규격별 관련 치수들(제조사별로 상이할 수 있음)

결국 제법 큰 규모의 조명샵에 도면을 들고 찾아갔다. 담당 직원에게 도면을 펼쳐 보이면서 삼파장 매입등의 적절한 크기에 대해 자문을 구했다.

"도면상으로 봐도 주광원으로 사용할 것이 아니기 때문에 4″에서 5″ 매입등이면 충분합니다. 다만, 5″ 이상은 되어야 경통 내부의 반사각이 형성되어 조도가 좋아진다는 것은 참고해 두세요"라며 친절하게 여러 크기의 샘플도 보여주었다.

상당히 실속 있는 정보를 얻었다. 큰 매입등을 사용하면 좋겠지만 거실이 크지 않은 상태에서 상대적으로 천장이 좁아 보이거나 답답해 보일 수도 있는 문제였다. 그래서 실제 내경 및 외경의 크기를 그려 오린 종이를 현장에 직접 붙여보니 답이 나왔다. 작은 것(4″ 매입등)이 잘 어울렸다. 보조광이기 때문에 조도는 중요치 않았다. 아버지뿐만 아니라 현장에 작업하시던 분들도 작은 크기가 좋다는 데 의견이 일치했다. 결국 4″ 매입등에 맞는 102㎜ 크기로 타공은 진행되었다.

현장에서 종이로 오린 매입등 붙여보기

이러한 결정 과정이 자칫 시공사에게 까다로운 건축주로 비춰질까 한편으로 염려되었다. 그러나 시공사 대표는 의외의 말씀을 해주셨다.

"이렇게 사전에 건축주와 충분히 검토를 해서 명확하게 시공하면 재시공이 없어요. 시공사 입장에서도 건축주께서 꼼꼼하게 체크해주시는 게 오히려 더 좋습니다."

바닥에서 스위치는 1,200㎜, 콘센트는 300㎜가 기본

본격적인 전기배선작업이 시작되었다. 천장 내부공간을 이용해 전선 인입을 위한 배관과 정해진 위치의 벽에 전기박스를 매입했다. 평일에 진행되어 작업 상황을 직접 볼 수는 없었지만, 아버지를 통해 수시로 체크하면서 천장 공간이 형성되는 부위의 매입등 설치까지 확인할 수 있었다.

천장 속 공간을 이용한 전기배관 및 배선작업

거실 부위 전기작업

식탁 위치의 전기작업

방3의 전기작업

그런데 전기작업 현장 사진을 확인하면서 이상한 점이 눈에 띄었다. 일단 스위치 설치 높이는 적정해 보였으나, 콘센트 설치 높이는 상당히 높아 보였다. 굳이 문제될 바는 아니지만, 일상적으로 쓰는 가전제품을 사용할 때 자칫 안전사고로 이어질 수도 있는 일이라 수정이 불가피해 보였다.

현장에 계신 아버지께 정확한 높이의 확인을 부탁드렸다. 바닥마감선에서 콘센트 중심까지는 750㎜, 스위치는 1,200㎜ 높이에 박스가 설치되었음을 알려주셨다. 원래 통상적으로는 바닥마감에서부터 스위치 중심까지 1,200㎜, 콘센트 중심까지는 300㎜ 간격을 두는 것이 정석이다. 물론 상황에 따라 높이를 달리 적용할 수 있다고 하지만, 모든 콘센트가 750㎜의 높이에 설치되었다면 문제가 아닐 수 없다. 이를 뒤늦게 확인한 시공사 대표로부터 연락이 왔다.

"전기는 외주 공사를 맡겼는데, 설치 높이에 대해 별도 지시를 안 한 것이 화근이었네요. 일반적인 기준에 맞춰 작업할 줄 알았는데…, 어찌되었든 콘센트 높이는 전부 수정토록 하겠습니다."

물론 현재 잘못 타공된 부분은 단열재와 우레탄 폼으로 철저히 다시 마감하겠다는 말씀도 덧붙였다. 필자조차도 사전에 꼼꼼히 체크한다고 했으나, 설치 높이에 오류가 생길 줄은 예상하지 못했다.

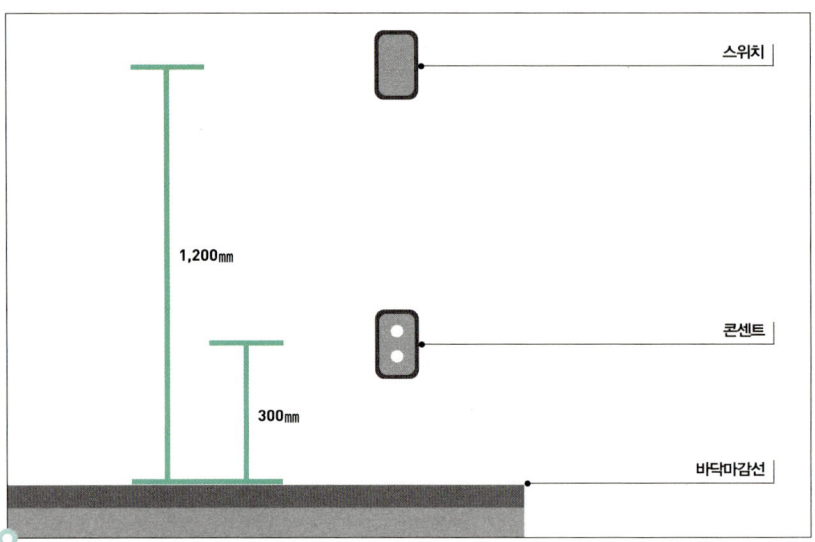

스위치 및 콘센트의 일반적인 설치 높이

24
급수 · 난방배관과 바닥 미장공사

이번 공사는 앞선 전기배선작업처럼 많은 신경을 쓰지 않아도 되는 공정이다. 공사 진행 방법도 기존에 다른 현장 사진을 통해 무리가 없음을 사전에 확인한 바 있었다.

먼저 비드법 보온판(스티로폼) 1호 50T를 바닥에 깔았다. 바닥에서 올라오는 냉기를 차단하기 위함이다. 스티로폼 대신 기포콘크리트를 타설하기도 하지만, 장비 임대비용과 작업성 등을 고려해 비드법 보온판을 선택하였다.

냉기를 차단하는 비드법 보온판 깔기

난방배관은 15㎜ X-L관 설치

보온판을 시공하고 기초콘크리트 타설 전에 건물 외부로부터 인입되는 관에 연결해 욕실, 주방가구 및 보일러와 이어지는 배관공사가 진행되었다. 온·냉수 배관은 15㎜ PB관으로 시공하였다. PB관은 폴리부틸렌(Poly-butylene)수지를 이용한 자재로 유연성이 좋아 시공성이 우수하다. 또 고온고압에 내구성을 갖췄고, 부분 보수도 용이해 많이 사용하는 자재이다. 온·냉수 배관이 끝난 후에는 보온판 위에 와이어 매쉬(철망)를 깔았다. 와이어 매쉬는 난방배관의 고정과 방바닥 미장에 사용될 레미탈의 균열을 방지해 준다.

PB관을 이용한 온·냉수 배관 시공

와이어 매쉬 시공

와이어 매쉬 위에 난방배관은 15mm X-L관을 설치하였다. X-L관은 햇빛에 노출되는 부위에는 부식의 염려로 사용하지 않으나 열전도율이 좋아 매립되는 난방배관용으로는 가장 많이 사용하는 자재이다. 거실, 주방, 방 3개 각각 5개의 구역으로 나누어 구역별로 이음부가 없도록 한 개의 파이프로 시공하고 철선을 이용해 고정하였다.

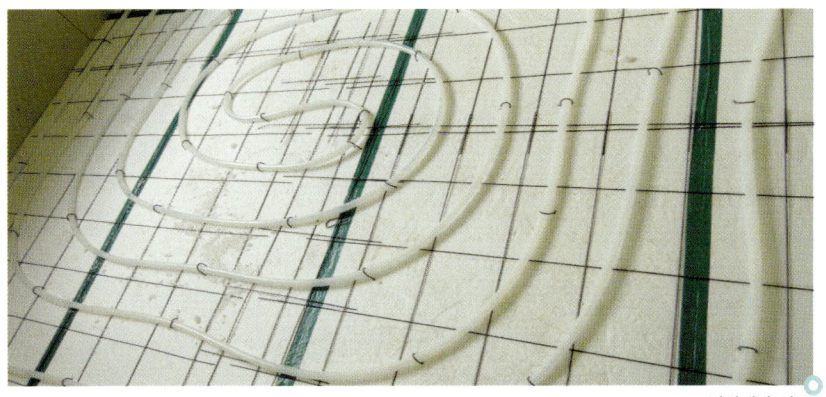

난방배관 시공

보일러실에 5구 분배기를 설치할 예정이라 분배기 설치 위치에 X-L관을 여유 있게 뽑아놓았다. 그리고 보일러에 연결될 PB관도 보일러 위치를 고려해 여분을 충분하게 두었다.

배관 설치를 마치고는 방바닥 미장공사 전에 콤프레셔로 압축공기를 불어 넣어 압력을 측정해 배관에 이상이 없는지 확인하였다.

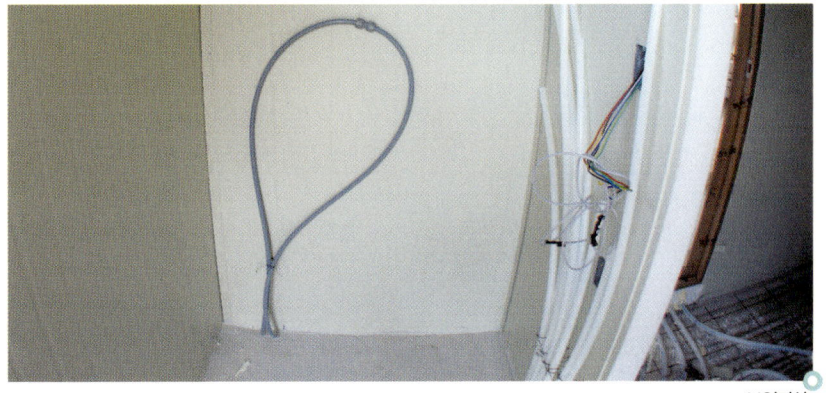

보일러실

문틀 작업 후의 방바닥 미장

현관중문, 방문, 욕실문 등 실내에 설치될 문틀을 시공하였다. 문틀을 단 후 방바닥 미장 타설 높이의 표시를 위해 기준먹을 벽에 표시하고 그물망을 덮었다.

문틀 및 그물망 시공

그물망은 방바닥 미장에 사용할 레미탈의 표면 균열을 막는 역할을 한다. 이로써 방바닥 미장을 위한 준비가 완료된 셈이다. 다음날 아침 일찍부터 방바닥 미장을 위한 미니펌프카가 도착해 타설을 시작하였다.

타설작업을 위한 미니펌프카

레미탈 타설

타설하면서 임시수평을 잡고 완료한 후에는 물 빠짐이 진행된 시점에 미장공이 특수 제작된(?) 신발을 신고 미장손으로 수평을 다시 한 번 잡았다.

임시수평 및 물 빠짐 후 수평잡기

타설 완료

25
외장공사

건물 내부공사와 더불어 외장공사도 동시에 진행되었다. 외관의 인상을 좌우하는 만큼 내구성과 함께 시각적인 아름다움도 고려해 자재를 선택했다.

지붕은 아스팔트싱글, 벽체는 시멘트사이딩, 기단부는 파벽돌로 시공하기로 결정했다. 일단 큰 틀은 정한 상태라 건물 전체의 이미지 조화를 위해 이젠 각 자재의 색상, 형태 등 세부적인 내용을 검토할 차례였다. 어릴 때부터 막연히 머릿속에 그리던 언덕 위의 하얀 집, 그런 느낌에 대한 바람이 있었다. 비록 대지 형태가 언덕은 아니지만 왠지 눈길이 가는 집, 보는 이로 하여금 마음도 밝아지게 하는 그런 집 말이다. 그렇다고 전부 흰색으로 칠해버리면 자칫 집도 가벼워 보이고 안정감도 없을 것이 분명하기에 한참을 고민했다.

여러 주택 사진들을 참고하고, 전원주택단지를 직접 둘러본 후 결론을 내렸다. 지붕은 돌회색 이중그림자싱글, 벽체는 시멘트사이딩 위에 흰색 도장, 기단부는 짙은 색감의 파벽돌로 정했다. 벽체가 환한 느낌을 주는 반면 이를 받치는 기단부에 어두운 자연석을 붙인 듯하여 무게감을 주고자 했다. 혹자는 시멘트사이딩 외에 방부목사이딩 등을 적절히 섞어 벽체를 구성하기도 한다.

당연히 시공비와 유지관리 비용이 들기 마련인데, 굳이 그렇게 하지 않아도 충분히 외관이 보기 좋을 것이라 판단하였다. 한편, 지붕은 기단부 보다는 밝은 톤의 돌회색 이중그림자싱글을 시공해 위에서도 흰색 벽체의 가벼운 느낌을 적절히 보완토록 하였다.

각재로 틀 형성 후의 소핏작업

외장공사의 시작은 지붕 방수시트 부착부터 시작됐다. 아래 방수시트가 설치된 사진을 보면 세로 방향으로 시공된 것을 알 수 있다. 가로 방향으로 하단부터 부착해 나가야 정석인데, 잘못 시공한 것이다. 시공사도 뒤늦게 이 사실을 알았는데, 다행히 시트와 시트의 겹침 길이를 넉넉하게 두어 누수 위험이 없어 보여 그대로 진행하기로 했다.

지붕 방수시트 오시공

방수시트 시공에 이어 처마 부위의 마감 처리를 위한 각재작업에 들어갔다. 각재로 먼저 처마 모양의 틀을 잡은 후 PVC 계열의 소핏(Soffit)으로 마감할 예정이다. 소핏벤트(처마벤트)는 목조주택에선 환기를 위해 필수적으로 설치해야 하지만, 조립식주택에서는 그럴 필요가 없다. 패널이 그대로 노출되도록 둘 수 없기에 적정한 마감을 위한 작업일 뿐이다.

일부 저가 시공업체에서는 각재 등으로 틀을 만들지 않고 패널이 시공된 경사 모양 그대로 PVC 소핏을 부착하는 경우가 있다. 그렇게 시공한다면 외관이 상당히 볼품없어 보일 것이 뻔하다.

상반된 처마 마감 모양 사례

처마 마감을 위한 각재작업

각재작업을 마치고 소핏을 부착함과 동시에 벽체에는 본격적인 사이딩 설치에 앞서 모서리와 문틀 등에 방부목을 대는 작업을 선행하였다.

소핏 설치와 사이딩 설치를 위한 방부목 작업

각종 지붕 부속 작업

외장은 여러 공정이 동시다발적으로 이뤄졌다. 모서리와 창에 방부목을 미리 설치한 뒤, 사이딩과 처마작업이 함께 진행되었다. 사이딩은 하단에서부터 상부로 붙여 나갔고, 상단부에는 마감을 위해 J찬넬(J-Channel)을 시공한 후 사이딩을 부착하였다. J찬넬은 소핏 마감을 할 때도 사용되는 아주 유용한 자재이다.

벽체 사이딩과 J찬넬 시공

벽체 사이딩 작업과 함께 처마 후레싱(Flashing) 작업도 병행되었다. 전체 느낌을 고려해 백색 후레싱이 선택되었고, 이어서 빗물받이도 설치하였다.

후레싱 및 빗물받이 시공

우수받이까지 설치를 끝낸 다음 돌회색의 이중그림자싱글을 지붕 하단부터 상부 방향으로 시공했다.

싱글 작업

지붕 아스팔트싱글, 처마 후레싱과 빗물받이, 벽체 사이딩까지 시공을 모두 완료하고 빗물받이에 유도모임통을 연결해 모임통과 선홈통 설치까지 마쳤다. 시공을 끝내고 나니 마침 비가 내리기 시작했다. 이젠 비가 와도 걱정이 없다.

유도모임통, 모임통 및 선홈통 시공

하단에 파벽돌 시공에 앞서 잠시 도로에 서서 집을 바라봤다. 한참 동안 머릿속에서 그렸던 집이 실제로 앞에 모습을 드러냈다. 집의 형태도 마음에 들었고, 넓은 앞마당과 아늑한 뒷마당 또한 너무 만족스러웠다.

파벽돌 부착 전 앞뒤 전경

순서가 바뀌고 만 파벽돌과 도장작업

외장공사 중에는 이제 파벽돌 시공만 남았다. 파벽돌은 직접 구매하고 시공 인건비만 실비로 지불키로 시공사와 계약한 항목이다. 물량을 산출해 넉넉하게 25㎡를 주문했다. 1㎡당 18,000원으로 파벽돌 중에도 그나마 비싼 제품이었는데, 자재 값 45만원에 화물운송비 8만원을 합쳐 총 53만원을 지불했다. 현장 반입 후 제품 확인 차 박스를 개봉해 보니 인터넷에서 주문 시 봤던 제품 사진과 달라보였다. 생각했던 것 보다 너무 어두웠다. 판매처에 잘못 출고된 것은 아닌지 확인했더니 한 장만 봤을 때 그렇게 보일 수 있다는 설명이었다. 여러 장을 붙여놓고 보면 괜찮다는 말인데, 일단 수긍하고 붙여보기로 했다.

파벽돌 박스 개봉

파벽돌 시공에는 압착시멘트를 사용한다. 외부작업에는 내부에 흔히 사용하는 압착본드를 쓸 경우 쉽게 떨어질 수 있기 때문이다.
막상 붙여놓고 보니 주문 전 인터넷에서 봤던 제품의 색감과 같았고, 전체적으로 안정감 있는 느낌이 들기 시작했다.

파벽돌 부착

원래는 공정상 파벽돌 부착 전에 사이딩에 흰색 도장을 했어야 하는데, 창틀과 코너 몰딩의 색상을 선택하지 못해 미뤄졌다. 코너 몰딩을 그냥 나무 상태로 두어야 할지 사이딩과 같이 흰색으로 도장할지에 대한 고민이었다. 나무 느낌을 그대로 살리는 것도 괜찮겠지만, 산뜻한 맛은 떨어질 것 같아 결국 흰색으로 모두 도장하기로 정했다. 현재로서는 데크 설치 전이라 어색해 보이지만 데크가 설치되고 나면 한결 안정감 있어 보이리라 판단되었다. 파벽돌 등에 보양이 필요해 보양 후 도장을 진행키로 하였다.

사이딩 도장 전 파벽돌 보양

전체 도장을 마치고 보니 예상했던 대로 한층 깔끔하고 화사해 보였다. 더구나 시간이 지난 후 시멘트사이딩이나 코너몰딩은 새롭게 도장하여 변화를 줄 수도 있는 부분이다.

사이딩 도장

26
내장공사

밖에서 외장공사가 진행되는 동안 내부공사도 함께 이뤄졌다. 앞서 방바닥 미장 타설 후 양생이 되어 통행이 가능한 시점부터 공사가 재개되었다. 우선 천장과 벽체에 석고보드가 부착되었다.

석고보드 부착

현장에는 석고보드와 함께 합판도 일부 반입되었다. 벽걸이TV나 무거운 액자를 걸 자리에 설치해 무게를 지탱할 용도이다. 보통 벽걸이TV 지지용으로 거실벽에 설치하는 것이 일반적인데, 벽걸이TV가 없어 필요가 없었다. 그래서 생각한 곳이 천장의 층고 부위에 생긴 벽이었다. 나중에 액자를 걸면 잘 어울릴 듯싶었다.

천장 공간 벽의 합판 시공

천장, 코너, 걸레받이몰딩의 조합

석고보드와 합판 시공을 모두 끝내고 걸레받이와 천장몰딩을 시공했다. 걸레받이몰딩과 천장몰딩은 시공 전 시공사 대표와 제품 카탈로그를 보며 선택해 둔 게 있다.

천장에 쓰일 몰딩은 앞서 구상했던 일자 모양의 계단몰딩을 선택했다. 천장 부착형 일자 2단 계단몰딩은 심플한 디자인이 특징이다. 게다가 계단몰딩의 얇은 면을 벽체 쪽으로 향하게 하면 벽체 쪽으로 음영이 생겨 공간이 넓어 보이는 효과도 있다. 또한 코너몰딩이 계단몰딩의 단지는 부분의 내부로 쏙 들어가 마감이 깔끔하다. 흔히 코너 부분에 많이 쓰는 장식몰딩(흔히 '왕관 몰딩' 이라고 함)은 거추장스럽게 보였다. 심플한 코너몰딩만을 사용할 생각이라 일자 모양의 2단 계단몰딩의 사용이 더욱 효과적일 것이다. 이러한 계획을 시공사 측에 자세하게 설명해 주었다. 현장의 많은 시공자는 계단몰딩의 두꺼운 부분이 벽쪽으로 향하게 시공하는 경우가 흔하기 때문이다.

왕관몰딩 시공 사례

천장몰딩의 얇은 부분이 벽에 붙은 안쪽으로 향하도록 설치한 후 기둥몰딩을 시공했다. 그 다음에 걸레받이몰딩으로 마감해야 깔끔하다. 순서를 바꿔 걸레받이몰딩을 우선 대고 기둥몰딩을 시공하면 걸레받이 몰딩 상단의 요철 모양 때문에 마감이 깔끔치 않다.

계단몰딩의 단면   계단몰딩 및 기둥몰딩 시공

기둥몰딩과 걸레받이 시공

생략한 커튼박스를 대신할 아이디어

처음부터 천장에는 별도의 커튼박스를 만들지 않기로 했다. 대신 이를 보완할 방법을 궁리하다가 커튼을 설치할 넓이만큼 몰딩을 벽체에서 띄워 시공하면 어떨까 하는 생각이 머릿속을 스쳤다. 예전처럼 커튼을 설치할 때 레일을 사용하는 것도 아니고 최근에는 커튼봉의 사용이 일반적이다. 시각적으로도 충분히 커튼박스 느낌을 살릴 수 있겠다 싶어 급히 수첩에 디테일을 그려 시공사 측에 부탁했다.

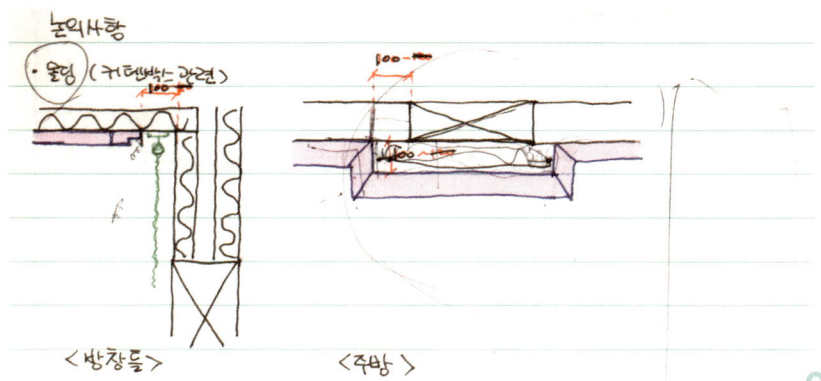

커튼 부위 몰딩 설치 개념 스케치

방의 커튼 부위는 벽체에서 10cm 띄워 몰딩을 설치하고, 주방창 역시 벽체로부터 10cm 간격에 창 주변 양쪽으로 10cm 정도 여분을 두어 시공해 커튼박스 느낌을 살리도록 하였다.

커튼이 설치될 부위의 몰딩 시공

주방창 커튼 설치 부위 몰딩 시공

27
타일공사

타일이 시공될 곳은 안방 및 공용욕실, 다용도실 그리고 현관이 있다. 공사 초기에 어머니와 집사람과 함께 현장을 방문했을 때, 시공사에서 거래하는 타일업체를 방문해 여러 샘플 중에서 각 공간별 타일을 선택해 두었다.

욕실 벽체는 미색 계열에 약간 자연석 무늬가 도는 타일을, 바닥은 짙은 회색 계열의 무늬 없는 타일을 골랐다. 벽체는 밝아서 넓어 보이고 바닥은 무게감이 있으면서도 산뜻한 느낌을 살리고자 했다. 주방벽 타일은 백색 계열에 약간 무늬가 들어간 것을, 현관 바닥타일은 어둡고 자연석 무늬가 있는 것을 정했다.

●

목재 루버와 타일을 접목해 마감한 욕실

석고보드공사 시에 욕실 내부에 방수 석고보드의 시공 여부를 두고 고민했다. 방수 석고보드를 많이 사용하지만 물이 계속 닿는 곳의 내구성에 대한 확신이 들지 않았다. 시공사 대표와 협의 끝에 욕실 내부에는 방수 석고보드 없이 공사하기로 결정하였다.

먼저 벽체 하단에 방수시트가 바닥에 일부 내려오게 하고, 그 위로 일부 겹치도록 한 단 더 시공하였다. 방수시트 폭이 1m이므로 2m 조금 못되는 높이까지 방수시트가 시공된 것이다.

벽체의 방수시트 공정을 마치고 바닥에 시멘트 모르타르에 방수액을 섞어 바닥 방수 처리를 하였다. 바닥 액체방수가 양생된 후 벽체부터 타일을 붙였다. 욕실 벽체에는 250×400㎜ 규격의 타일을 사용해 세로로 붙였다. 대부분 가로로 시공하지만 공용욕실 상부에 목재(히노끼 루버)를 세로 방향으로 붙일 예정이라 세로로 시공하는 게 더욱 어울릴 듯하였다. 더구나 욕실이 넓은 편이 아니라 가로로 붙인다면 몇 장 들어가지 않기 때문에 좁아 보일 수도 있겠다는 생각이 들었다.

히노끼 루버에 맞춰 세로로 시공한 욕실타일

바닥에는 건비빔몰탈을 사용해 물 빠짐이 원활하도록 구배를 형성하고, 스테인리스 바닥유가(배수구)를 설치한 다음 바닥타일을 시공했다. 마지막으로 백시멘트로 줄눈도 넣었다. 다용도실도 역시나 같은 타일을 가지고 동일한 절차로 마감했다. 다만 다용도실은 욕실보다는 넓어 벽체 타일을 가로로 시공하였다.

욕실 벽, 바닥타일과 스테인리스 유가 시공

시공 전 미리 협의해 발주한 주방가구업체 측에서 와서 주방타일 시공 부위를 표시했다. 그에 맞춰 작업이 진행되었다.

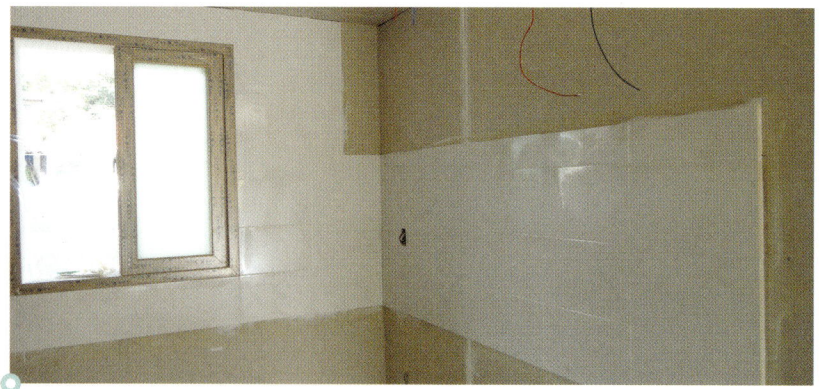
주방타일 시공 완료

현관 걸레받이는 랩핑몰딩 대신 타일로

현관타일은 400×400㎜ 규격이라 타일이 꽤나 크고 무게감이 있다. 먼저 현관 내부 바닥타일 시공 후 벽체 하단 부분의 걸레받이 부위 역시 절단한 타일을 시공하였다. 현관 걸레받이는 물이 닿을 수도 있는 부위라 랩핑몰딩 대신에 타일을 선택했다. 아울러 현관 외부의 기초단차를 시공한 부분 역시 데크 전까지 일부 구간을 현관과 동일한 타일로 마감하였다.

현관 내외부 바닥타일 시공

현관 외부 타일 시공 후 전경

28
욕실 천장과 도기류, 각종 부착물 공사

욕실 타일이 양생되고 마무리 작업을 했다. 먼저 공용욕실과 안방욕실에 천장 마감을 위해 각재로 틀을 짰다.

공용욕실은 벽체 상부 일부 구간과 천장을 목재(**히노끼 루바**)로, 안방욕실은 PVC 계열의 리빙보드로 마감하였다. 공용욕실의 천장몰딩은 마감재와 동일한 히노끼 루버를 절단해 시공했다. 다른 재질의 자재를 사용하는 것보다 일체감 있고 마감도 잘 나왔다. 안방욕실과 다용도실 천장의 몰딩은 PVC 2단 계단몰딩을 사용하기로 했다.

거실이나 방과 같이 몰딩의 얇은 쪽이 벽 쪽으로 향하도록 시공했어야 하는데, 주말에 현장에 내려가 보니 욕실은 반대로 설치된 상태였다. 앞서 일했던 작업자가 아닌 다른 작업자가 제대로 전달을 못 받은 것이다. 재시공을 하고 싶었으나 집의 성능에 영향을 미치는 부분이 아니라 아쉽지만 그냥 넘어가기로 했다. 그렇지만 이 점은 분명 짚고 넘어가야 할 듯싶다. 몰딩의 얇은 부분이 벽체를 향하면 음영이 생겨 넓어 보이는 효과가 있다. 또한 타일과 몰딩이 만나는 부분의 코킹이 깔끔하지 않더라도 그림자 부분에 가려져 잘 보이지 않게 된다.

공용욕실 히노끼 루버 및 몰딩 시공

욕실 및 다용도실 몰딩 오시공

욕실 계단몰딩이 제대로 된 시공 사례

욕실을 넓게 보이게 하는 거울의 활용

도기류, 수전류 및 수건걸이, 휴지걸이 등 각종 부착물도 부착하였다. 욕실 마감재 선택 시 가장 신경 쓰였던 부분이 욕실 수납장과 거울이었다. 마침 주말에 가족과 잠시 쉬러간 리조트 욕실에서 우연치 않게 답을 찾았다. 욕실 수납장 문짝에는 문양 대신 금속 느낌의 테두리로 둘러싸인 거울이 붙어 있었다. 그리고 그 옆으로 평행하게 욕실 거울을 배치해 일체감 있도록 마감한 것이다. 충주 집은 욕실이 큰 편이 아니라 이런 디자인으로 마감하면 넓어 보일 뿐만 아니라 심플하고 모던한 느낌이 들 것 같았다.

리조트 욕실의 수납장과 거울 배치

리조트 욕실의 수납장은 일반 가정집에서 사용하는 것보다도 커보였다. 줄자로 크기를 측정해 보니 600×900mm이었고, 거울은 900×900mm였다. 보통 가정집에선 500×800mm 수납장을 사용하고 거울도 800×800mm을 많이 사용하는데 비해 꽤나 큰 크기였다.

충주 집의 두 개 욕실은 면적이 달라 욕실장은 같은 제품을 사용하더라도 거울 길이는 달리해 설치해야 한다. 욕실장과 거울의 간격을 띄워 시공하는 방법도 있지만, 일체감을 주려면 아무래도 붙여 시공하는 것이 좋다.

수첩에 간단히 스케치해 검토해 보니 공용욕실은 500×800mm 수납장에 가로 길이가 800~900mm 정도인 거울을 조합하면 욕조 앞까지 딱 떨어졌다. 안방

욕실은 샤워부스 크기를 900~1,000mm 정도 잡으면 500×800mm 수납장에 거울의 가로 길이가 1,100~1,200mm 정도 되어야 나란히 붙여 시공했을 때 어색하지 않을 것 같았다.

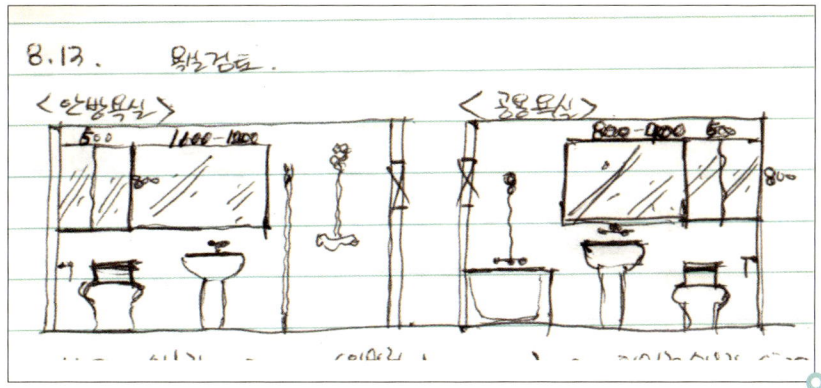

욕실장 및 거울 크기 검토 스케치

타일을 고르러 갔을 때 매장에는 거의 모든 욕실용품도 취급하고 있어 한 번에 선택할 수 있었다. 주관심사인 욕실장과 거울 제품들을 살펴보던 중 마음에 두었던 제품을 발견했다. 문짝이 거울로 되어 있는 500×800mm 수납장과 이와 세트를 이룬 800×800mm 거울이었다. 다른 사이즈는 800×1,200mm 기성제품 거울이 있었는데, 이외의 사이즈는 주문 제작 방식이라 대량구매가 아닌 이상 비용이 높았다. 1,200mm 거울을 사용하면 샤워부스가 다소 좁을 것 같았지만, 주문 제작을 할 수 없는 상황에서 그냥 선택하기로 하였다.

욕실 내부 마감에 필요한 모든 자재를 부착하니 예상했던 느낌대로 넓고 깔끔해 보여 만족스러웠다. 특히 안방욕실에 1,200mm 폭의 거울로 인해 샤워부스가 좁지 않을까 우려했는데, 막상 설치된 공간에 들어가 보니 넉넉해 보였.
한편, 당초 견적에서 제외했던 해바라기 모양의 샤워기가 기본사양을 기준으로 적용하다보니 욕실에 그대로 설치되었다. 실제로 보니 고급스럽고 사용도 편리해 보여 그냥 두기로 했다. 아울러 공용욕실의 샤워기 걸이는 비누 받침이 부착되고 높이 조절이 가능한 제품을 추가로 선택하였다.

높이 조절용 샤워걸이 시공

공용욕실 전경

안방욕실 전경

29
도배 및 장판공사

본격적인 도배와 장판공사에 앞서 보일러를 설치했다. 보일러실이 좁아 기름탱크의 크기를 검토해야 했다. 1드럼용 기름탱크를 설치하려 했으나 용량이 적을 것 같아 2드럼용 탱크를 설치하기로 했다. 혹시 2드럼용(400ℓ) 기름탱크가 인입이 안 되면 보일러는 안에 설치하고 기름탱크를 밖에 설치해야 할 상황이었다. 다행히 기름탱크와 보일러, 분배기까지 넓지 않은 보일러실에 딱 맞게 설치되었다. 물론 다용도실에서 보일러실을 통해 외부로 나가는 동선에도 간섭은 없었다. 이를 염두에 두고 다용도실에서 보일러실로 나가는 문을 여닫이문에서 미닫이문으로 변경해 시공한 상태였다.

규격	용량	크기 (가로×세로×높이)
1드럼	200L	760×310×920mm
2드럼	400L	810×410×1,220mm
3드럼	600L	818×610×1,220mm
5드럼	1,000L	1,220×610×1,220mm

기름탱크는 보통 1, 2, 3, 5드럼의 규격을 많이 사용한다. 왼쪽 표의 기름탱크 종류는 일반적인 규격으로 이와 다른 크기의 탱크가 필요할 경우에는 사전에 확인이 필요하다. 제작사에 따라 치수가 다를 수 있다.

기름탱크 용량별 크기

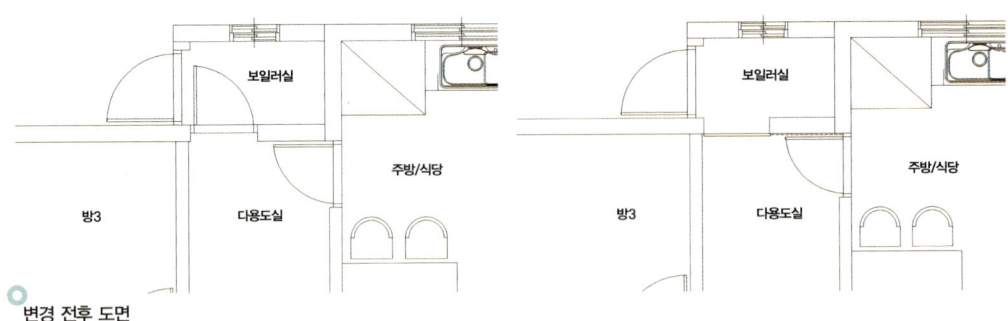

● 변경 전후 도면

● 보일러 설치

●
포인트 벽지 활용은 제한적으로

보일러를 가동해 습기를 충분히 배출하고 다음날 도배를 시작했다. 보름 전쯤 시공사 대표가 두꺼운 도배지 카탈로그를 제시해 어머니, 집사람과 함께 부위별로 도배지를 선택했다. 전체적으로 밝은 느낌에 두드러진 문양의 사용을 최대한 자제했다. 또 거실에는 포인트 벽지를 사용하지 않기로 하였다. 보통 거실벽에 포인트 벽지를 많이 사용하지만 TV나 장식장 등이 놓이면 오히려 시각적으로 산만해 보이기 쉽다.

천장은 전체적으로 화이트 계열의 발포 문양이 있고 약간의 펄(반짝임)이 들어 있는 도배지를 선택하였다. 거실과 안방의 벽도 화이트 계열의 보일 듯 말 듯 한 세로 줄무늬가 들어간 도배지를 골랐다. 방2는 다소 변화를 주어 회색과 청색이 섞여 있는 세로 줄무늬를 선택해 모던한 느낌을, 방3은 화이트 벽지에 한 쪽 벽에만 이국적인 느낌의 포인트 벽지를 활용해 변화를 주었다.

거실 도배

방1 도배

방2 도배

방3 도배

도배를 마치고 장판을 깔았다. 시공 전, 청소기로 바닥의 이물질을 제거한 후 장판을 깔고 테두리는 금색 실리콘으로 마감했다.

장판 시공 전 청소

장판 시공 중

30
가구공사

가구공사는 견적금액에 100만원을 포함시켰고, 나머지만 추가 부담하기로 계약서를 작성했었다. 기존에 쓰던 가구들을 대부분 사용할 예정이라 주방가구와 신발장만 설치하면 된다.

가구들은 어머니의 의견을 최대한 반영하였다. 우선 주방에 환기와 채광이 잘 되기를 원해서 주방창을 크게 설치했다. 주방창을 평균치보다 확장함에 따라 벽 쪽으로 상부장을 설치할 수 없어 후드가 필요한 가스레인지를 내벽 쪽에 배치하였다. 창문 앞 벽 쪽에는 개수대를 설치하고 급·배수 배관공사를 미리 해놓았다.

동선을 고려한 주방가구 배치안

공사가 중반쯤 진행될 무렵, 충주시내에 주방가구 점포를 둘러보면서 급·배수 배관의 위치와 도면을 기준으로 몇 가지 구성안을 잡아 나갔다.

1안은 생각했던 배치와는 좀 달랐다. 외벽 한쪽 구석으로 가스레인지대를 설치, 그 위에 후드를 놓고 반대편에 냉장고를 둔 배치였다. 사용에 문제는 없겠지만 후드만 떨어져 설치된 모습이 왠지 어색해보였다. 모양이 보다 괜찮은 후드로 변경된 2안은 1안에 비해 나아 보였지만, 냉장고 두께로 인해 식탁과 간섭이 생길 것 같았다.

3안은 냉장고를 외벽 쪽에 배치하는 구성이다. 왼쪽 냉장고에서 음식재료들을 꺼내 바로 옆 개수대에서 세척한 후, 우측 조리대를 거쳐 가스레인지에서 조리하는 합리적인 동선이었다. 3안으로 매장에서 견적을 내보니 신발장을 포함해 350만원 정도였다.

3안 구성에 대해 어머니도 마음에 들어 하셨다. 시공사 대표가 거래하는 가구 공장을 소개해 주었는데, 공장을 직접 방문해 구체적인 견적을 받기로 했다.

렌지후드가 따로 걸려 있어 어색해 보인다.

주방가구 1안

렌지후드를 모양이 좋은 것으로 바꿔 다소 나아 보이긴 하지만 1안과 별다른 차이가 없다.

주방가구 2안

냉장고 상부에 수납장을 넣을 수도 있지만 답답해 보일 수 있어 빼기로 했다. 바로 옆문을 열면 다용도실이기 때문에 수납 걱정은 없다. 렌지후드는 후드장과 후드를 별도로 설치하는 방식으로 결정하였다.

주방가구 3안(결정안)

신발장은 이전에 아는 형님 댁에 방문했을 때, 마음에 점찍어 놓은 디자인이 있었다. 흰색에 길쭉한 문짝을 가진 신발장으로, 상부 반쪽은 갤러리 모양이고, 손잡이도 아주 마음에 들었다.

마음에 들었던 신발장

저렴한 가격에 알뜰하게 마련한 가구

모델로 삼은 신발장 사진과 주방가구 도면을 들고 가구공장을 찾았다. 도면과 사진을 검토하면서 추가로 두 가지 제안을 받았다. 첫째는 빌트인 가스레인지 하부에 양쪽으로 열리는 일반적인 문 대신에 이단 수납장을 두자는 것이다. 위 칸에는 수저와 주방기구를 보관할 수 있는 플라스틱 틀이 있는 수납함을, 그 아래 칸에는 기름통 등을 보관할 수 있는 긴 수납장을 넣자는 제안이었다. 두 번째는 바로 우측에 각종 양념통을 수납할 수 있는 세로로 길쭉한 서랍을 배치하는 것이다. 두 가지 모두 사용자 측면에서 편리하게 사용할 수 있는 아이템이었다. 아울러 신발장은 내부에 서랍장 두 개, 거울 한 개, 우산꽂이를 설치하는 것으로 결정하였다.

주방가구 추가 제안 사항

주방가구 및 신발장 사양을 정하고 견적을 요청했다. 총 견적금액이 265만원이 나왔다. 시공사와의 계약내역에 100만원이 포함돼, 165만원만 추가로 지불하면 된다. 이전에 주방가구 브랜드 매장에서 받았던 견적보다 100만원 가까이 저렴한 금액이다. 제품도 견고해 보이고 재질에도 별다른 차이가 없었다. 방문한 김에 색상도 정했는데 하부는 미색, 상부는 연두색 계열의 펄이 들어간 재질을 골랐다.

가구는 도배와 장판을 마치고 바로 설치하였다.

주방가구 설치 후   신발장 설치 후

충주 주택 실내 자재 사용 내역

자재명	사용장소	제조사	규격	제품명	비고
타일	욕실벽	대림	250×400	도기질타일	
	욕실바닥	대림	300×300	자기질타일	
	주방벽	대림	250×400	도기질타일	
	현관	수입	400×400	질석타일	
벽지	거실 천장	거북벽지	실크	솔리드화이트(3532-1)	
	거실 벽	거북벽지	실크	비쉬화이트(1617-4)	
	방 천장	거북벽지	합지	샌딩(9361-1)	
	방1 벽	거북벽지	합지	네츄럴라인(93156-1)	
	방2 벽	거북벽지	합지	모던스트라이프(93160-3)	
	방3 벽	거북벽지	합지	보브(93141-1)	
	방3 포인트	거북벽지	합지	파리의거리(93145-1)	
바닥재	바닥 전체	KCC	2.0T 비닐장판		
몰딩	방 천장	영림몰딩	50×12	2계단몰딩	랩핑몰딩
	거실 천장	영림몰딩	70×18	2계단몰딩	랩핑몰딩
	걸레받이	영림몰딩	90×12	900번	랩핑몰딩
	기둥몰딩	영림몰딩	65×65×12	기둥 중	랩핑몰딩
	욕실, 다용도실 몰딩	영림몰딩	35×15	2계단몰딩	PVC몰딩
도기	변기	계림요업		탱크밀결형 사이펀변기	
	세면기	계림요업		평면붙임세면기	
플라스틱 창호	외벽창	청암클릭샤시	225mm bar, 내부랩핑		
실내문	방문 및 욕실문	동아킹도어	ABS	ABS-180	
중문	현관 중문	동아킹도어	랩핑 미서기	SS-302	
현관문		동아킹도어	1,300×2,400-외소대	DA-1007	
수전류		bk메탈	국산, KS	원터치 수전	
주방가구	가구	주문			
	후드	하츠			
	빌트인 렌지	한샘엠시스	3구	빌트인 가스쿡탑	

31
내·외부 마무리공사

이젠 공사가 거의 마무리 단계에 왔다. 실내에는 전기 콘센트와 스위치, 등기구 등을 부착하면 된다. 견적 당시 등기구는 직접 구매하기로 하고 계약서에서 제외시킨 항목이다. 물론 직접 구매하면 비용도 절감되지만, 그보다는 더 큰 이유가 있었다.

처음부터 내부는 단순하게 디자인하고 간결한 마감재만을 골랐다. 다만, 등기구로 포인트를 주어 집 전체의 느낌을 살리고자 작정했기에 각 등의 선택이 무엇보다 중요했다.

물론 견적에 포함시켜 시공사 거래처에서 몇 개의 샘플을 보고 선택하면 간단하고 편하겠으나, 좀 더 다양한 자재를 보고 직접 구매하기 위해 인터넷 조명기구 사이트를 넘나들며 검색했다. 가장 신경 쓰였던 것은 거실 천장 가운데에 달게 될 샹들리에의 선택이었다. 주변의 매입등 6개와 어울리면서 실내 분위기를 좌우하게 될 것이기 때문이다.

포인트가 될 샹들리에 선택

디자인 선택 전에 적절한 등기구의 크기를 먼저 결정해야 했다. 전구수가 6개 혹은 8개인 샹들리에가 거실에 얼추 적당해 보였다. 6구는 약 68㎝, 8구는 98㎝ 정도 크기였다. 도면을 꺼내놓고 거실 가운데 두 가지 직경의 동그라미를 그려가면서 검토해도 감이 오질 않았다.

줄자를 가지고 크기를 가늠해 봤을 때, 6구가 적당해 보이고 8구는 다소 커보였다. 그러나 실제 높은 천장에 달았을 때는 눈대중과 달라질 수 있는 문제였다. 그렇다고 고가인 샹들리에를 그냥 주문할 수는 없고, 매장에 가서 본다 한들 실제 설치한 모습과 다를 게 분명했다. 고민 끝에 실제 두 가지 크기의 모양을 만들어 현장에 걸어보는 것이 최선이겠다는 생각에 도달했다. 문구점에서 폼보드를 구해 만든 모형을 패널공사가 마무리 되던 주말에 현장에 내려가 직접 달아보았다. 막상 걸어보니 6구(68㎝) 등은 작아 보이고, 8구(98㎝) 등이 적당해 보였다. 결국 8구 등으로 결정하고 미리 점찍어 두었던 샹들리에를 주문했다.

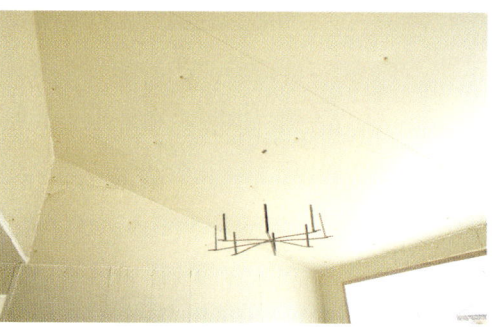

▶ 6구와 8구 샹들리에 시뮬레이션

▶ 8구 샹들리에와 매입등 시뮬레이션

선택한 샹들리에

인테리어를 완성하는 등

주방등 역시 선택이 만만치 않았다. 미색의 하부장은 물론 연두빛 펄이 들어간 상부장과도 잘 어울리면서 포인트가 될 수 있는 등을 설치하고 싶었다. 며칠을 고심하며 인터넷을 서핑하던 중 괜찮은 등기구를 찾았다. 원목 느낌의 틀에 볼 전구 4개가 달려 각도 조절까지 가능했다. 연두 빛의 상부장과도 너무나 잘 어울리는 볼 모양의 전구가 눈에 확 띄었다. 4개의 등 중 2개는 주방가구 조리대로, 나머지는 반대편으로 향하도록 하여 조도를 확보하면서 인테리어 효과도 동시에 줄 수 있었다. 집사람 역시 상당한 호감을 보여 바로 주문하였다. 식탁등은 거실 샹들리에와 가까워 너무 화려하면 자칫 산만해 보일 수 있어 비교적 단순한 것을 택했다.

주방 등기구의 선택

식탁등

천장 공간으로 인해 생긴 수직벽에도 등기구를 설치할 수 있도록 사전에 전기 배관을 해뒀다. 빼놓지 않고 작고 심플한 등기구를 배치하였다.

천장 공간 벽등

등기구 설치 후 거실 전경

등기구 설치 후 거실 천장

등기구 설치 후 주방 전경

등기구 설치 후 식탁과 주방 전경

실내외 등기구를 총 70만원으로 해결

거실, 주방, 식탁 등기구 외에 나머지는 저렴하고 단순한 것을 선택했다. 방에는 모두 원형 모양의 가벼운 PVC 계열 커버에 한지 모양이 새겨진 등을 달았다. 안방과 방2에는 36W 램프 3개, 방3은 36W 램프 2개가 설치되는 등을 선택하였다.

▷ 침실 등기구 설치 후

외부 벽부등은 전면에 3개, 후면에 1개를 포함해 총 4개가 필요했다. 전면 3개는 벽상부에 부착해 하부로 향하는 형태로, 후면부는 벽에 부착하는 것보다는 처마에 설치하는 것이 바람직해 보였다.

▷ 외부 전면 및 후면 벽부등

더불어 외부에서 필요한 전기(지하수 모터 등)를 사용하기 위해 미리 외벽에 매립해 놓은 전선에 콘센트와 콘센트 박스도 설치하였다.

외부용 콘센트

필요한 모든 등기구와 전구의 주문 내역을 정산해보니 총 70만원이 조금 넘었다. 샹들리에와 외부 벽부등까지 모두 포함된 금액으로 상당히 저렴하게 구매한 셈이다.

게이블벤트를 통한 천장의 환기

건물 외부에 대한 마무리 공사를 이어갔다. 공사 초기부터 시공사 대표와 자주 만나 이런저런 의견을 많이 나누었다. 그중에 한 가지 개선 사항을 실행에 옮기기로 한 것이다. 바로 천장 내부의 '환기에 대한 대책'이었다.

여름에는 천장 내부의 온도가 상승해 실내에 영향을 미치게 될 것이 뻔하다. 이를 완화하기 위해 천장 내부 좌측과 우측 두 곳에 개구부를 뚫어 환기구를 만들고 8각 모양의 게이블벤트(Gable Vent)로 마감한 것이다. 물론 겨울철엔 천장 내부에 찬 공기가 유입되면 안 되므로, 천장 내부에서 단열재로 막을 수 있도록 아울러 처리해 두었다. 양쪽 개구부의 크기는 400×500mm로 양쪽에 맞바람이 불면 환기가 되기에 충분하다.

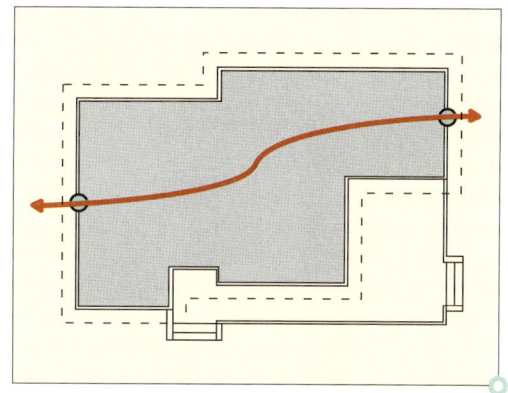

천장 내부 환기 개념도

개구부를 뚫은 후

개구부 게이블벤트 마감 후

거실 우측 벽에는 실제 개구부를 뚫지 않았지만, 역시 게이블벤트를 설치하여 외관의 균형을 맞췄다.

정화조와 급수배관 그리고 부동전

정화조 상부에 몰탈을 타설하고 환기 배관을 설치한 다음, 상부에 무동력 팬을 설치하였다. 또한 외부에 설치된 광역상수도 계량기에서 건물 내부로 인입되는 급수배관이 겨울에 동파되지 않도록 동결심도 이하 약 1m 정도에 굴착 후 매립하였다.

동결 심도 이하로 굴착 　　　　　　　　　　　건물 후면 상수도용 부동전 설치와 외부 수돗가 작업

건물 뒤편 장독대 옆으로 상수도용 부동전을 설치하였다. 그 옆으로 배수배관을 묻어 배수맨홀로 연결하고 수돗가를 만들었다. 이 작업은 아버지께서 직접 하셨는데, 웬만한 작업자들보다 나은 솜씨를 발휘하셨다. 어머니께서 외부에서 김치를 담그실 때 좋겠다며 만족해 하셨다.

집짓기 길잡이 ⑭

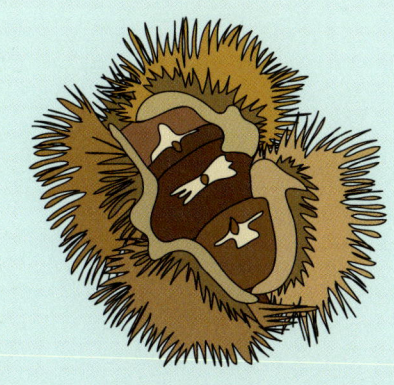

동결심도에 대하여

충주 현장은 외부 수도계량기로부터 건물로 인입되는 급수관을 백호우(포크레인)로 깊게 파고 매립했다. 이렇게 하는 이유는 겨울철 동파를 방지하기 위해서다. 해당 지역의 동결심도(흙이 표면에서부터 얼어들어가는 깊이)를 사전에 검토하여 그 깊이 이하로 급수배관을 매립해야 한다.

지역별 동결심도 (단위 ㎜)

지역	동결심도	지역	동결심도	지역	동결심도	지역	동결심도
강릉	703	홍천	1,394	영광	355	밀양	603
서울	1,232	대관령	1,914	구례	382	산청	487
인천	1,038	삼척	431	함평	306	함안	667
울릉도	266	원성	1,173	송추	515	강해	306
추풍령	933	제천	1,288	나주	529	하동	417
포항	517	음성	984	순천	221	삼천포	265
대구	766	충주	983	영암	319	남해	333
전주	750	진천	1,019	장흥	375	안성	883
울산	578	괴산	1,077	해남	208	인제	1,365
광주	588	보은	1,154	고흥	347	남원	647
부산	250	영동	891	칠곡	736	장성	500
목포	292	당진	750	울진	347	울주	500
여수	235	아산	850	영주	983	함양	563
수원	1,135	홍성	817	문령	750	이천	1,077
순천	1,407	유성	883	안동	833	화성	967
청주	1,077	보령	625	상주	641	정읍	574
속초	404	부여	721	청송	1,038	고창	544
서산	750	논산	721	영덕	375	거창	783
군산	444	금산	868	우성	969	합천	588
충무	250	이리	544	선산	750	양평	1,168
대전	800	무주	767	김천	681	임실	883
진주	647	진안	983	영천	647	경주	474
강화	1,000	부안	544	성주	676		

출처 http://blog.naver.com/kojjum

32
기타 부대공사

시공사와 함께 하는 작업들은 모두 마무리되었다. 이제 남은 것은 건축주가 별도로 준비해야 할 사항이다. 가스배관공사, 완성검사증명서 수령, 전기인입공사 그리고 광역상수도공사 등이다.

기존에 지하수가 설치되어 있어 사용에 문제가 없었지만 광역상수도 인입공사가 집 앞까지 완료된 상태라 생활용수는 상수도를 설치해 사용하기로 했다. 공사 초기에 미리 신청하여 마당 한쪽 텃밭으로 사용할 부지 옆에 계량기를 달았다. 기존 인입지점에서 2m까지는 기본공사비(**기본공사비 664,000원**)로 가능했다. 그리고 전기인입공사는 집 전체의 전기공사를 도맡아 시공했던 업체가 인입을 대행해 건물 우측에 계량기를 30만원에 부착해 주었다. 기존에 있던 계량기가 워낙 새것이라 한전에 확인 후 그대로 사용해 비용을 절감했다. 전기선은 인근 전봇대에서 건물지붕을 통해 내부로 연결하고 검침이 가능한 높이에 계량기를 설치하고 전선을 깔끔하게 정리하였다.

수도계량기 설치

전선 인입 및 계량기 설치

또한 LPG 가스렌지 사용을 위한 배관 설치와 완성검사증명서를 발급받아 설계사무소에 제출해 사용승인 신청 시 첨부해야 한다. 인근 가스배관 공사업체에 의뢰했는데, 배관 설치와 완성검사증명서 발급에 30만원을 지불했다.

가스통은 2개를 개당 2만원씩 4만원에 구매했고, 충전은 개당 4만원씩 8만원을 주었다. 가스통 2개를 연결시켜 놓았는데, 한 개를 다 사용하게 되면 자동으로 옆 통쪽으로 밸브가 돌아가는 시스템이다.

가스배관 시공

내역에 반영된 모든 공사는 끝났지만, 추가로 데크공사를 시공사에 의뢰했다. 전면 데크 약 30㎡에 계단 2개, 후면 약 1.5㎡ 면적에 계단 1개가 설치될 예정이다.

데크는 통상 공사비가 평당 45만~60만원 정도에 계단은 추가비용이 책정된다. 앞뒤 데크와 계단 3개를 포함해 총 400만원에 진행하기로 하였다.

전면부는 데크 부위에 기초가 형성된 터라 작업이 그나마 수월한 편이었다. 우선 수평을 맞추면서 장선과 멍에 설치 후, 난간기둥을 세웠다. 그 후 계단공사, 데크 바닥판과 난간을 순서대로 설치하였다. 난간은 한국적인 미가 드러나도록 전통창살형으로 작업했다.

난간까지 시공하고 나서 데크 하부는 래티스(Lattice)로 마감했다. 그냥 두자니 허전하고 나무판으로 막으려니 답답해 보였기 때문이다. 래티스가 기초 면에 너무 가까워 미리 바깥 콘크리트면을 회색 페인트로 칠해 두었다. 전면의 데크에 이어 후면 데크도 작업하였다. 전체 데크 작업 완료 후 목재의 내구성을 높이기 위해 오일스테인을 전체적으로 도포했다.

멍에 장선 및 난간기둥 설치

난간, 계단 설치 및 하부 페인트

후면 데크 작업 중

하부 래티스 및 오일스테인 완료

데크 설치 후 남은 자재를 가지고 아버지께서 또 실력을 발휘하여 담장과 대문을 만드셨다. 오래 전 공업사를 직접 운영하셨지만, 아주 어릴 적이라 기억이 잘 나지는 않는다. 그래서 아버지께서 뭔가를 직접 만드시는 모습을 뵌 적이 없다보니 사실 '과연…' 이라는 생각만 들었었다. 그러나 설치 후 모습을 보고 깜짝 놀랐다. 정석대로 하부에 기초를 시공하고 그 위에 기둥을 세운 다음, 래티스로 담장까지 마무리하셨다. 대문도 기가 막히게 만드셨다. 평소에는 옆에 쪽문만 열어 사람이 출입하고, 차가 들어올 때는 측면에 큰문을 2단으로 접어 출입할 수 있도록 편리하게 설치하신 것이다.

대문 및 담장 시공

울타리 래티스 설치

33
사용검사 그리고, 드디어 이사

가스완성검사 필증, 정화조 설치에 대한 시공 사진을 준비해 설계사무소에 보냈다. 나머지 필요서류들은 설계사무소에서 챙겨 사용검사 신청을 했다.
신청 후 담당 공무원이 현장 실사를 나왔다. 별 이상이 없음을 확인한 후, 다음날 바로 사용승인이 떨어졌다. 이제 집에 들어가서 살아도 된다는 의미이다.
다음날, 창고에 보관하고 있던 짐을 집으로 옮겼다. 이장님을 비롯해 마을의 여러 분들이 도움을 주셨다. 어머니께서는 짐을 정리하느라 힘들어 하시면서도 새집에서의 생활이 설레신 듯 소녀처럼 기뻐하셨다. 공사가 진행되는 내내 현장에 상주하며 수돗가, 담장작업, 마당 돌 고르기까지 쉴 새 없이 일하셔서 피부가 까맣게 그을린 아버지께서도 그제서야 미소를 지으셨다.

'행복'을 안겨준 집짓기 여정
어렵게 시작된 집짓기가 드디어 끝났다. 처음엔 고쳐 살 작정으로 농가주택을 알아봤었다. 신축할 결심을 하고 땅을 구해 설계를 진행했던 일련의 시간이 영화필름처럼 스쳐 지나갔다.

낮에는 직장생활을 하고 밤에는 집짓기를 고민하며 지난 시간들, 설계하고 확인하느라 힘들고 지치기도 했지만, 완성물을 보고나니 필자 역시 가슴이 벅차올랐다. 어머니께서 며느리의 손을 잡고 고맙다는 말씀을 전하신다.
30대 초반의 봄, 여름, 가을이 그렇게 정신없이 흘러갔다.

공사완료 후 야경

STEP 07 집을 짓다

STEP 08
입주 후 이야기

34 건물 등기와 총비용에 대한 정리
35 입주 후 1년 동안의 관리비 정산
36 주택 성능에 대한 분석
37 집을 가꾸며 느끼는 소소한 행복
38 집짓기, 마침표를 찍다

건축 후기
01 조립식주택의 화재 안전성
02 집짓고 나서 아쉬운 점

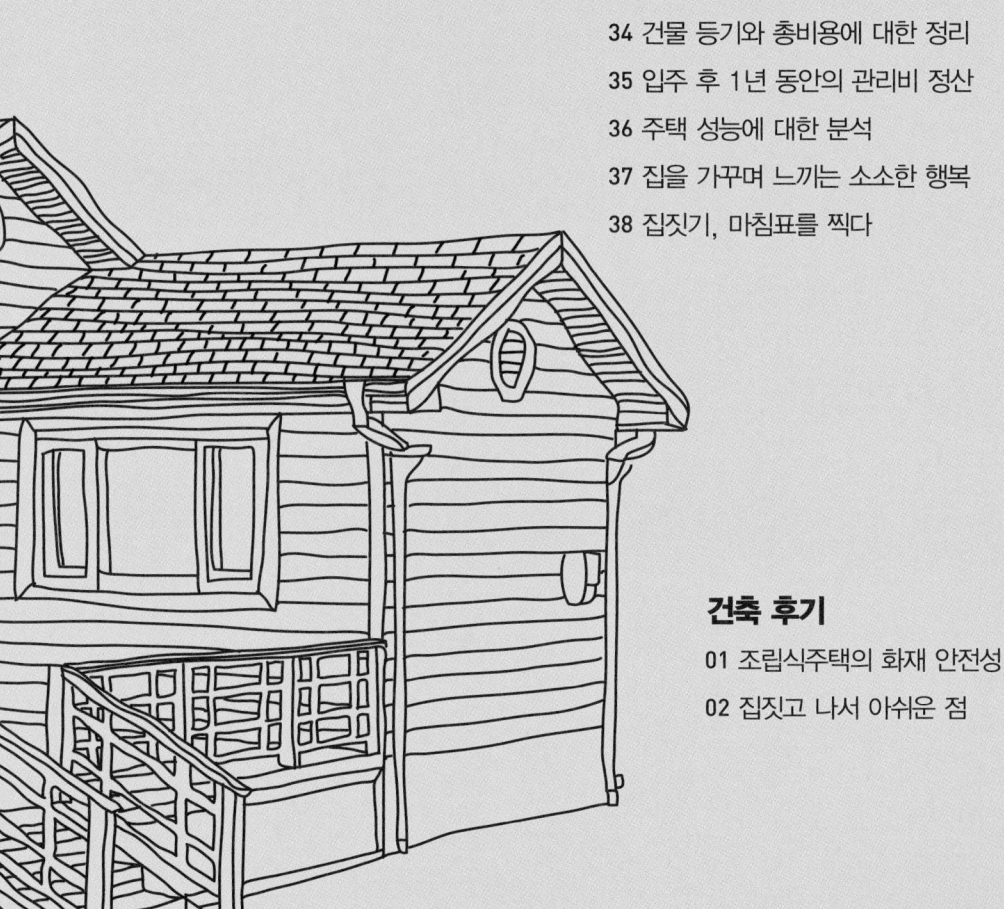

34
건물등기와 총비용에 대한 정리

사용승인 완료 후 집으로 우편물이 왔다. 두 달 이내에 취득세 등의 세금을 납부한 뒤, 건물등기를 하라는 안내문이었다. 토지 구매 시에 등기를 의뢰했던 법무사사무소를 통해 건물등기를 진행했다. 취득세 등 세금과 법무사 대행수수료까지 포함해 725,580원을 납부했다.

토지구입부터 주택까지 총 134,984,460원 소요

토지 구입부터 건물 완공까지 투입된 총 비용에 대해 항목별로 자세하게 구분하여 공개한다.

금액을 정리해놓고 보니 그동안의 일련의 과정이 다시금 되짚어졌다. 도로 사이에 끼어 있던 땅 69㎡(**20.87평**)을 420만원에 계약한 후 491㎡(**148.53평**)평을 3,900만원에 매입해 총 560㎡(**169.69평**)의 땅을 4,320만원에 구입했다.

슬레이트 지붕인 구옥을 380만원에 철거하였다. 두 필지를 합필한 후 측량하는 것이 비용이 절감된다고 하여 합필 후 414,700원을 지불하고 측량을 했다.

구분	비용(원)	비고
토지 구입	43,200,000	2필지(560㎡)
토지 중계	500,000	부동산사무소 지불
토지 등기	1,116,100	취득세 포함
구옥 철거	3,800,000	슬레이트 철거 포함
측량	414,700	합필 후 측량
토지 전체 성토	2,400,000	15톤 트럭 42대
우수맨홀 설치	200,000	우수유입 보상비 외 추가 투입
설계사무소 비용	1,000,000	인허가 대행
건물자리 성토	980,000	실비 지불
공사계약	70,500,000	시공업체 계약금액
추가공사	1,500,000	변경 및 추가 공사금액
가구	1,650,000	주방가구, 신발장 추가
등기구	714,080	상들리에 포함
기초 파벽돌	530,000	기단부 마감용 파벽돌 구입
정화조 구입	450,000	10인용
가스배관 설치	340,000	배관설치, 필증, 가스통 2개
전기 인입	300,000	
상수도 인입	664,000	
데크 설치	4,000,000	앞, 뒤, 계단 3개
건물 등기	725,580	취득세 포함
계	134,984,460	

도로에서 50㎝ 정도 내려가 있는 땅을 성토하였다. 총 15톤 덤프트럭 42대분의 흙이 소요되었다. 이 작업에는 포크레인 사용료를 더해 총 240만원이 지출되었다.

성토 후에는 인근 삼밭에서 유입되는 우수와 매입한 땅의 우수 처리를 위해 우수맨홀과 우수배관을 설치했다. 아버지께서 직접 공사를 하셔서 자재비와 장비비만 지출, 170만원이 들었다. 결과적으로 인근 삼밭 관계자와 협의해 150만원을 받아 20만원만 지출된 셈이다.

설계를 진행하여 설계사무소를 통해 인허가 대행비용으로 100만원을 지불했다. 건축신고 완료 후 지정한 시공업체와 총 7,050만원에 시공계약을 맺었다. 그 외 외부 파벽돌 시공(인건비 포함), 거실창 크기 변경 등 변경된 공사에 대해서는 준공 시 150만원을 추가로 지불하였다. 그리고 각종 인입공사, 부대공사를 거쳐 집이 완공되었다.

토지 구매에서부터 건물 완공에 이르기까지 전체 소요금액은 1억3천500만원 정도였다. 손에 쥐고 있었던 예산보다 3천만원이 더 필요해 대출을 피할 수는 없었지만, 마음은 뿌듯했다. 이제 이 집에서 부모님이 여생을 행복하게 보내실 일만 남았다.

35
입주 후 1년 동안의 관리비 정산

전원주택을 준비하는 많은 이들이 건축비용 다음으로 궁금해 하고 걱정하는 내용이 입주 후 '관리비용'이다. 그 중에서도 비중이 가장 큰 부분이 바로 난방비이다. 혹자는 저온수면법이 건강에 좋다고 주장하며 권장하기도 하지만, 전원주택을 꿈꾸는 사람들에겐 그다지 설득력 있게 다가오지 않는다.

충주 신축주택은 2011년 10월에 입주하여 가을, 겨울을 지나 어느새 입주한 지도 1년을 넘어섰다. 한겨울 −20℃ 추위에도 춥지 않게 지냈으며, 여름의 폭염에도 힘들지 않게 보냈다(실내온도 및 실외온도 난방시간 등에 대한 자세한 내용은 다음 장인 「주택성능에 대한 분석」에서 자세히 기술).

이렇게 보낸 1년간의 관리비용을 꼼꼼히 정리해 공개한다. 지출된 항목을 나열해 보면 난방 및 온수 사용을 위한 유류비, 전기 사용 요금, 광역상수도 사용 요금, 취사용 가스(LPG)통 충전비, TV 시청을 위한 케이블방송 요금 등이다.

1년간 유류비(난방 & 온수)는 1,360,950원

10월에 입주했지만, 이미 9월에 보일러를 설치해 마감공사 전후에 보일러를 가동했다. 마감공사 전에는 실내 습기 배출, 공사 후에는 마감재와 가구로 인한 냄새와 혹시 있을지 모르는 휘발성 유기화합물(VOCs)의 배출을 위해 보일러를 가동한 것이다. 공동주택에서는 실내 공기질 향상과 새집증후군의 예방을 위해 '베이크 아웃(Bake-out : 난방을 통한 휘발성 유기화합물을 배출하는 행위)'의 시행을 의무화하고 있기도 하다.

입주 전 주입한 2드럼(400ℓ) 용량의 기름탱크를 살펴보니 약 8cm 정도 내려간 것을 확인할 수 있었다. 설치된 기름탱크의 크기가 가로×세로×높이가 410×810×1,220mm이니 가득 채워 놓은 기름 400ℓ 중 약 26ℓ 정도를 사용한 셈이다. 이후 입주 1년째인 2012년 10월 5일 다시 잔여량을 측정해 보니 43cm, 약 142ℓ가 남아 있었다. 결국 실제 1년간 살면서 총 주유된 1,200ℓ 중 입주 전 사용한 26ℓ와 남아 있는 142ℓ를 제외한 1,032ℓ의 기름을 사용한 것이다. 이를 금액으로 환산하면 총 유류비는 1,360,950원이다.

기름 넣은 날	단가	수량(ℓ)	가격(원)
2011.09.17	1,300	400	520,000
2011.12.31	1,300	400	520,000
2012.03.04	1,375	400	550,000
계			1,590,000

실제사용량 : (400-26)+400+(400-142)=1,032ℓ
사용금액 : 1,300×374+1,300×400+1,375×258
= **1,360,950원**

처음에 부모님은 유류비 걱정으로 기름보일러와 연탄보일러 겸용으로 설치하기를 원하셨다. 하지만 보일러실 공간이 부족했다. 수시로 연탄을 교체하는 것도 불편하고, 이중 샌드위치패널 벽체의 성능을 확인해 보고 싶어 기름보일러만 설치한 것이다. 물론 적은 비용의 유류비가 나온 것은 아니다. 그러나,

다음 장에서 언급하게 될 실제 측정한 각 실의 실내온도에 비추어 보면 좋은 결과라고 생각된다.

1년간 전기요금은 374,080원

전기세는 거의 매달 비슷한 수준의 비용이 지출되었다. 상시 가동되는 가전제품은 700ℓ급 양문형 냉장고와 김치냉장고이다. 이외에 일상적인 세탁기 사용, 마당에 지하수 펌프 가동, 프로그램 취향이 달라 거실과 안방에 따로 두시고 시청하는 TV가 있다.

구분	사용기간	사용량(kw)	요금(원)
2011.11	11.10.22~11.11.21	258	35,510
2011.12	11.11.22~11.12.21	262	36,170
2012.01	11.12.22~12.01.21	276	38,950
2012.02	12.01.22~12.02.21	286	40,680
2012.03	12.02.22~12.03.21	245	32,510
2012.04	12.03.22~12.04.21	265	36,560
2012.05	12.04.22~12.05.21	215	26,580
2012.06	12.05.22~12.06.21	189	21,490
2012.07	12.06.22~12.07.21	190	21,680
2012.08	12.07.22~12.08.21	216	27,130
2012.09	12.08.22~12.09.21	202	24,420
2012.10	12.09.22~12.10.21	241	32,400
계			374,080

1년간 광역상수도 요금은 129,870원

광역상수도 비용 또한 평균 20m³ 전후로 사용하여 매달 비슷한 비용이 지출되었다.

구분	사용기간	사용량(㎥)	요금(원)
2011.12	11.10.10~11.11.09	17	8,280
2012.01	11.11.10~11.12.09	17	8,280
2012.02	11.12.10~12.01.09	21	10,190
2012.03	12.01.10~12.02.09	19	9,160
2012.04	12.02.10~12.03.09	22	10,780
2012.05	11.03.10~11.04.09	19	9,160
2012.06	11.04.10~11.05.09	28	14,320
2012.07	11.05.10~11.06.09	31	16,280
2012.08	12.06.10~12.07.09	25	12,550
2012.09	12.07.10~12.08.09	23	11,370
2012.10	12.08.10~12.09.09	18	8,720
2012.11	12.09.10~12.10.09	22	10,780
계			129,870

취사용 가스(LPG) 충전비와 TV 시청료

가스배관 설치 시에 가스통 2개를 구입해 충전해 놓았다. 총 5통을 충전하였지만 1통은 그대로 남아 실제 1년에 4통을 사용한 셈으로 166,000원 정도가 지출되었다.

충전일	단가	충전통수	가격(원)
2011.10.06	40,000	2	80,000
2012.01.31	42,000	1	42,000
2012.05.10	44,000	1	44,000
2012.09.05	40,000	1	40,000
계			206,000

실 사용량 4통 166,000원

케이블 방송 시청 비용은 매달 부가세를 포함해 7,700원 정도로 1년간 92,400원의 TV 시청료를 냈다.

각 항목을 합산해 보면

앞서 열거한 항목을 모두 더해 1년 동안 주택에 거주하면서 발생한 지출비용을 합산해 보았다.

항목	비용
유류비용	1,360,950원
전기요금	374,080원
수도요금	129,870원
취사용 가스요금	166,000원
케이블 방송요금	92,400원
계	2,123,300원

사실 관리비를 정리해 본 1년의 기간 동안 변수는 있었다. 우선 두 돌 된 조카가 도심에서 감기를 달고 살아 그해 겨울 내내 충주 집에 내려와 요양(?)했고, 둘째 출산을 앞둔 집사람이 첫째를 데리고 4월부터 8월까지 충주 집에서 생활했다. 그 기간들도 만만치 않은데, 만약 부모님 두 분만 생활하셨다면 더 적은 금액의 관리비용이 나왔을 것이다.

지출 항목 중 주목할 점은 난방비, 즉 '유류비용'이다. 왜냐하면 다른 항목들은 일반적인 사항들이나 난방비는 실내온도에 따라 많은 편차가 나기 때문이다. 실내온도에 대한 자세한 설명은 다음 장인 「주택성능에 대한 분석」 중 실내·외 온도에 대한 측정 결과를 참고하면 된다.

충주 집의 면적이 86.73㎡**(26.24평)**이므로 도심의 32평형**(전용면적 25.7평)** 아파트와 실내면적이 비슷하다. 아파트와 비교해 봐도 관리비가 많이 들지 않았다는 것을 대번에 알 수 있다.

36
주택 성능에 대한 분석

조립식 이중벽체 주택의 성능에 대한 확신에는 변함이 없었다. 그러나 실제 성능은 어떨까에 대한 의문과 이를 객관적으로 점검해보고 싶은 생각이 들었다. 많은 사람들은 말한다. 조립식주택은 단열이 제대로 안 되고, 소음 전달이 심하며, 화재에 취약한 게 단점이라고. 이 중 화재 안정성에 취약하다는 지적은 사실 목조주택을 비롯한 다른 구조의 주택과 마찬가지로 석고보드 등의 마감재를 쓰기 때문에 논할 사항이 아니다. 아울러 조립식주택의 샌드위치패널이 노출되어 있는 것도 아니고, 단열재를 둘러싼 철판 역시 불이 붙는 자재가 아니다.

화재에 대한 취약성에 대한 논점도 틀렸다. 화재가 발생했을 때, 실내에 있던 사람이 밖으로 얼마나 탈출이 용이한가와 불이 번지는 시간이 얼마만큼 지체돼 인명 피해를 줄일 수 있는가에 초점이 맞춰져야 한다. 또한 조립식주택의 전기공사는 예전과 달리 전선배관에 필히 CD배관을 사용하기 때문에 화재에 취약하다는 말은 더욱이 일리가 없다.

실측을 통해 본 조립식주택의 단열성능

단열성능에 대한 검증 방법에 대해 고심하던 중, 보일러를 사용한 유류비(1년간 1,360,950원) 대비 실·내외의 온도를 측정해 데이터를 정리해 보았다. 실내온도에 대한 측정자료 없이 단순히 난방비가 절감되었다는 주장은 설득력이 떨어진다는 생각에서다. 각 실에 온습도계를 걸어놓고 아버지께 매일 아침과 저녁에 두 번, 온도와 습도 측정은 물론 난방시간까지 기록을 부탁드렸다.

난방은 통상 부모님의 주생활공간인 거실과 안방을 주로 하였고, 자식들이나 손님이 오실 때만 다른 방도 추가로 난방을 했다. 아버지는 2011년 11월 6일부터 측정을 시작해 2월말까지 어김없이 기록하셨다.

2012년 1월은 전반적으로 -10℃를 밑도는 추위가 이어졌고, 일평균 온도가 영하권에 머무르는 날이 대부분이었다. 난방은 오전에 2시간, 저녁에 2시간만 하였지만 거실 온도는 아침 8시경 17℃ 내외, 저녁 8시경 20℃ 내외를 기록했다. 안방의 온도는 아침 8시경 19℃ 내외, 저녁 8시경 21℃ 내외였다.

1월 중 최저온도가 -13.4℃로 가장 낮았던 1월 5일의 측정온도를 살펴보면 4일 저녁 8~9시 사이 1시간 난방한 후 5일 오전 8시에 측정한 거실의 온도는 14℃, 안방온도는 18℃였다. 그리고 아침 8~10시까지 2시간 난방 후 저녁 8시에 측정한 거실 온도는 22℃, 안방온도는 21℃로 기록되었다. 높은 온도는 아니지만 외기의 1일 평균기온이 -7.5℃이고 최저기온이 -13.4℃, 일 최고온도도 -0.9℃인 상황에서 간헐적인 난방시간을 감안해 볼 때, 비교적 높은 단열성능을 보인 것으로 파악된다.

실내의 상대습도도 60% 정도를 유지해 양호한 상태였다. 아파트에서 20여 년간 생활하며 안구건조증을 앓으셨던 어머니가 이 집에서 겨울을 나고는 증상이 깔끔히 없어질 정도였다.

특히 1월 1일은 가족 전체가 모여 작은방 2개까지 모두 난방을 한 상황이었다. 난방시간은 새벽에 2시간, 저녁에 2시간으로 평소와 같았지만 아침, 저녁에 걸쳐 측정한 결과, 모든 방이 20℃를 웃돌았다. 특히 평소에는 난방을 안 하는 방2, 방3의 온도를 살펴보면 평균 10~15℃를 꾸준히 유지하였다.

2012년 1월 실내온도 측정

날짜	평균기온 (기상청)	최고기온 (기상청)	최저기온 (기상청)	상대습도 (기상청)	측정시간	난방시간	실별실내온도(℃)				실내상대습도(%)			
							거실	방1	방2	방3	거실	방1	방2	방3
12.01.01	-2.8	1.7	-9.4	71.9	8:00	03:00-05:00	24	24	23	23	60	65	64	60
					20:00	19:00-21:00	22	21	21	20	68	70	70	60
12.01.02	-6.5	-1	-12.3	74.9	8:00	06:00-08:00	15	18	12	12	64	77	68	57
					20:00	18:00-20:00	22	22	19	17	64	62	65	50
12.01.03	-4.3	1.3	-9.7	67.6	8:00	08:00-10:00	16	22	12	12	62	65	77	52
					20:00	20:00-21:00	22	22	19	17	60	63	70	50
12.01.04	-6.6	-3	-10.6	57	8:00	08:00-10:00	15	20	12	11	60	73	74	43
					20:00	20:00-21:00	21	21	18	16	61	61	65	42
12.01.05	-7.5	-0.9	-13.4	61.5	8:00	08:00-10:00	14	18	11	10	55	70	69	44
					20:00	21:00-22:00	22	21	16	14	57	59	69	53
12.01.06	-5.2	2.3	-10.5	62.3	8:00	08:00-10:00	17	18	11	10	55	72	70	52
					20:00	21:00-22:00	20	22	16	14	55	66	69	50
12.01.07	-6.6	1.9	-12.2	67.1	8:00	05:30-08:00	16	18	10	9	66	70	70	50
					20:00	22:00-23:00	22	21	16	16	73	68	68	58
12.01.08	-4.8	2.3	-11.6	62.1	8:00	08:00-10:00	16	18	10	10	55	70	70	57
					20:00	20:00-21:00	21	21	17	14	61	59	68	53
12.01.09	-2	3.3	-7	69.3	8:00	08:00-10:00	16	20	11	10	61	68	73	53
					20:00	21:00-22:00	23	21	15	14	62	65	71	49
12.01.10	-2.6	2.5	-7	63.4	8:00	08:00-10:00	17	18	11	11	55	73	72	51
					20:00	21:00-22:20	20	20	17	15	57	63	62	52
12.01.11	-6.1	-1.2	-10.7	52.9	8:00	08:00-10:00	16	18	14	13	60	73	65	50
					20:00	21:00-22:00	23	22	20	16	65	63	72	42
12.01.12	-5.4	0.3	-12.9	62.6	8:00	08:00-10:00	16	17	12	10	58	72	71	46
					20:00	21:00-22:00	22	21	13	13	60	58	73	60
12.01.13	-2.5	2.8	-7.5	69.4	8:00	08:00-10:00	17	19	10	10	55	72	75	57
					20:00	20:00-21:00	22	20	20	16	65	66	67	50
12.01.14	-4.2	3.3	-11.1	51.3	8:00	08:00-10:00	16	16	15	12	58	75	70	50
					20:00	21:00-22:00	23	21	20	16	65	58	60	58
12.01.15	-2.9	1.9	-5.4	58.1	8:00	07:00-09:00	20	20	19	18	80	77	70	57
					20:00	21:00-22:00	23	21	20	22	57	62	62	52

날짜	평균기온 (기상청)	최고기온 (기상청)	최저기온 (기상청)	상대습도 (기상청)	측정시간	난방시간	실별실내온도(℃)				실내상대습도(%)			
							거실	방1	방2	방3	거실	방1	방2	방3
12.01.16	-0.3	9.2	-8.7	62.8	8:00	08:00-10:00	16	19	14	14	60	68	65	53
					20:00	21:00-22:00	23	22	21	15	62	60	62	57
12.01.17	1.8	8.1	-2.9	79.4	8:00	08:00-10:00	18	20	14	12	60	70	65	57
					20:00	21:00-22:00	22	22	18	17	63	62	67	55
12.01.18	0.4	6.2	-2.7	81.6	8:00	08:00-09:30	18	20	14	14	56	69	69	55
					20:00		22	21	18	18	60	58	65	60
12.01.19	4	7.4	-1.2	77	8:00	08:00-10:00	17	20	14	14	75	70	70	60
					20:00	21:00-22:00	22	22	14	14	68	66	70	62
12.01.20	6.5	9.1	4.5	56.1	8:00	08:00-10:00	20	21	14	13	60	73	70	62
					20:00		23	22	18	14	60	62	73	65
12.01.21	2.8	5.1	0.8	82.3	8:00	08:00-10:00	20	20	14	13	60	70	70	65
					20:00	19:00-21:00	22	22	20	19	65	65	68	68
12.01.22	-3.6	2.3	-7.7	48.3	8:00	08:00-10:00	20	20	21	21	58	67	62	63
					20:00	19:00-22:00	24	20	22	20	60	73	63	67
12.01.23	-8.5	-3.8	-12.5	41.4	8:00	08:00-10:00	14	14	12	12	55	72	65	52
					20:00	20:00-21:30	20	18	18	16	62	65	65	48
12.01.24	-8.1	-2.5	-13.3	45	8:00	07:00-08:00	16	16	13	12	58	65	68	50
					20:00	19:00-20:00	20	18	14	12	52	60	65	45
12.01.25	-7.4	-3.5	-11.2	50.1	8:00	08:00-10:00	11	14	11	10	57	65	60	57
					20:00	20:00-21:00	18	18	14	12	57	59	67	52
12.01.26	-5.5	1.2	-12.8	68.9	8:00	08:00-10:00	16	17	11	9	55	62	65	55
					20:00	20:00-21:00	20	19	19	19	55	55	55	45
12.01.27	-2	2.7	-6.6	87.3	8:00	08:00-10:00	18	18	17	17	52	61	63	46
					20:00	20:00-21:00	18	16	14	13	53	60	63	43
12.01.28	-1.7	4.1	-6.6	50	8:00	08:00-09:00	13	12	11	10	55	65	65	48
					20:00	20:00-22:00	19	18	17	11	50	58	56	48
12.01.29	-3.6	3.3	-8.7	42	8:00	08:00-10:00	12	13	11	10	50	63	55	51
					20:00		19	18	18	15	48	58	50	40
12.01.30	-5.3	0.6	-11.2	33.8	8:00	08:00-10:00	19	18	18	15	48	58	50	40
					20:00		19	18	18	15	48	58	50	49
12.01.31	-4.6	1.3	-12.3	68.3	8:00	06:00-10:00	19	18	10	8	52	56	60	46
					20:00		19	18	11	10	77	76	67	59

시간대별 온습도 변화 추이도 측정

하루 두 번의 데이터 측정이 어느 정도 성능을 단적으로 증명해 주지만, 난방에 따른 시간대별 온도 변화의 추이에 대해서는 여전히 궁금증으로 남았다. 그 와중에 시간대별 온습도를 측정하고 기록하는 온습도 측정기가 있다는 것을 알게 되어 적지 않은 금액을 주고 2월 초에 구입했다.

이 온습도 기록계는 온도는 −40~70℃(0.1℃ 간격), 습도는 0~100%(0.1% 간격)까지 측정이 가능하다. 측정된 데이터의 저장 간격도 1초에서 24시간까지 설정에 따라 저장할 수 있다. 또한 1시간 간격으로 측정 결과를 기록할 경우, 22개월 동안의 데이터를 저장할 수 있는 용량이 내장돼 자료를 분석하는데 아주 유용했다.

온습도 기록계

온습도 기록계를 가지고 난방을 하는 거실과 난방을 항상 하지 않지만 햇빛이 잘 드는 방2, 그리고 난방을 하지 않고 서향이라 상대적으로 채광이 부족한 방3까지 돌아가면서 측정했다. 난방을 하지 않을 때 방2와 방3의 비교 측정은 채광이 실내온도에 미치는 영향을 알기 위함이었다. 그 결과를 기상청의 시간대별 관측자료와 비교해 보았다.

처음으로 거실과 실외의 비교를 위해 온습도 기록계를 거실에 걸어놓았다. 측정은 2012년 2월 9일과 10일 이틀 동안 진행되었다. 이 기간 동안의 기상청 자료를 보니 평균온도가 영하권에 내내 머무른 추운 날씨였다.

날짜	평균온도(℃)	최고온도(℃)	최저온도(℃)
12.02.09	-4.6	0.6	-12.1
12.02.10	-2.8	2.5	-9.3

기상청 관측자료

이 시기에는 다른 때와 마찬가지로 아침, 저녁으로 각각 2시간씩 난방을 가동했다. 실내의 측정온도를 보면 최고온도는 23℃까지 올라갔으며, 평균온도가 18℃ 정도였다. 이는 거실 온도로 아버지께서 측정하신 1월의 자료를 보면 실제 주무신 안방의 온도가 거실보다 약 2℃ 높은 것을 고려할 때, 안방의 평균온도는 20℃ 정도였을 것으로 짐작된다.

이 자료를 바탕으로 가장 합리적인 난방시간을 추측해보면 실외 온도가 가장 낮은 시간은 아침 6~7시경이므로 난방은 새벽 3~5시 사이가 가장 합리적일 것으로 예상된다. 한낮에는 복사열의 흡수로 실내의 온도가 난방을 하지 않아도 올라가기 때문이다. 보일러의 예약 기능을 사용해 새벽에 난방을 하면 되지만 직접 확인해야 마음이 놓이는 아버지께서는 예약 기능을 사용하지 않고 아침과 저녁 하루에 두 번 난방을 계속 유지하셨다.

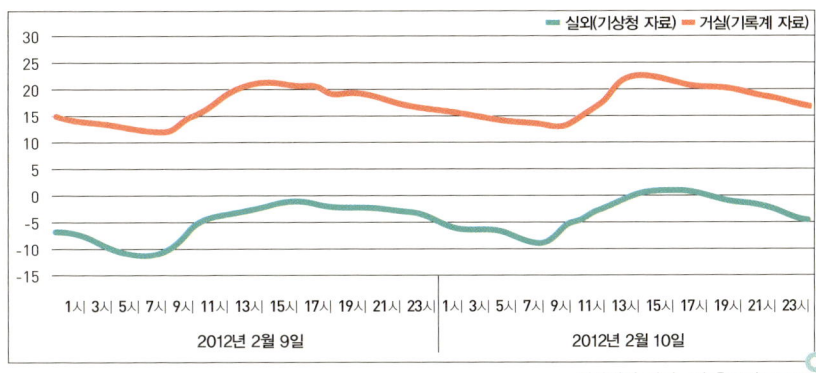

시간대별 실내·외 온도비교(거실)

평소 난방을 안 하는 방의 겨울철 평균온도

그 다음으로는 평소에 난방을 하지 않는 방2와 방3도 측정했다. 도면에서 알 수 있듯이 방2는 남향이고 방3은 서향이다. 방2는 햇볕이 잘 들지만, 방3은 해지기 전에만 잠깐 햇빛이 든다. 온습도 측정기가 하나뿐이라 각각 측정해 기상청의 시간대별 자료와 비교해 보았다.

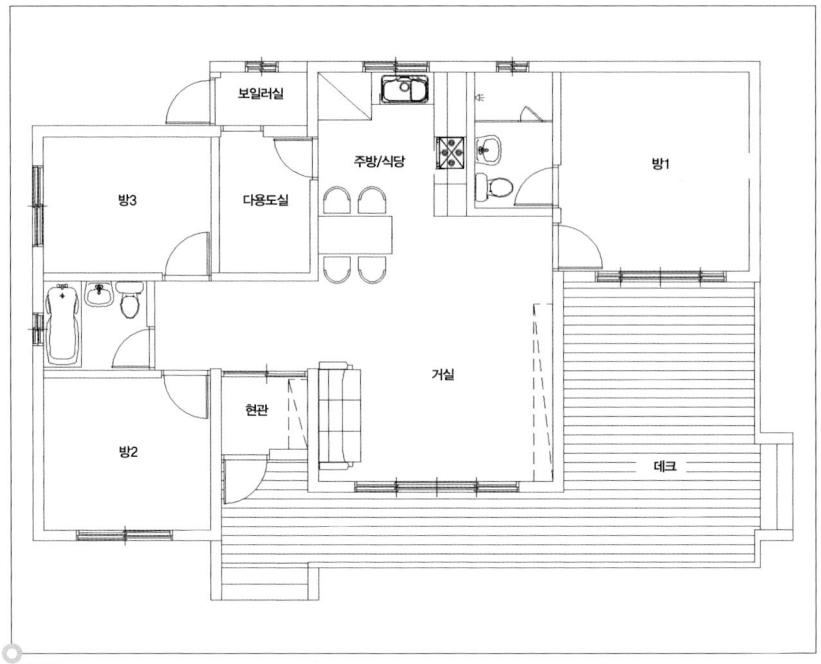

평면도

방2는 2012년 2월 20일과 21일 이틀 동안, 방3은 2012년 3월 8일과 9일 이틀 동안 측정하였다. 그 결과 방2를 측정한 이틀 동안의 실외 평균온도는 −1.2℃였으며, 실내 평균온도는 9.5℃로 평균 10.7℃의 온도차를 보였다. 방3은 측정기간 동안에 실외 평균온도는 2.6℃이고 실내 평균온도는 11℃로 평균 8.4℃의 온도차가 나타났다.

앞서 생각했던 바와 같이 햇빛을 잘 받는 방2가 방3보다 실외와의 온도 차이가 2.3℃ 정도 더 높은 것으로 나타났다. 설계 시에 방3이 방2보다 사용 빈도가 상대적으로 낮을 것이라는 생각에 방3을 작게 구획한 것이 합리적인 설계였다는 것이 측정결과를 통해서도 확인되었다. 즉, 창을 통해 흡수된 복사열이 실내온도에 영향을 미친다는 것이다. 따라서 겨울에는 낮에 커튼을 걷어 햇빛을 많이 받고, 여름에는 커튼으로 햇빛을 가려 실내온도가 상승하지 않도록 해야 하는 것이다. 이때 커튼은 두꺼운 것을 선택하는 것이 유리하다.

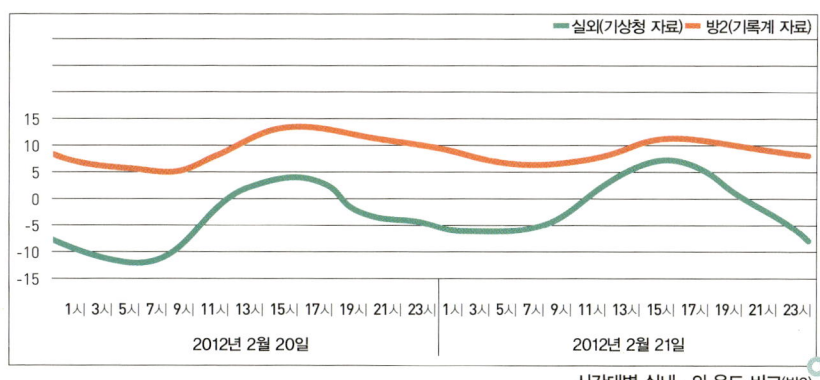

시간대별 실내 · 외 온도 비교(방2)

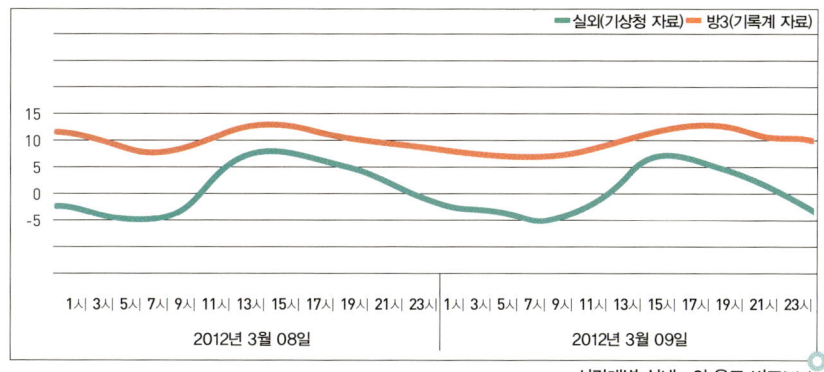

시간대별 실내 · 외 온도 비교(방3)

겨울 동안의 측정결과만 놓고 보면 아주 따뜻하게 겨울을 보낸 것은 아니다. 그러나, 측정치 정도의 실내온도에 1년간의 온수 및 난방비로 1,360,950원이 든 것을 감안하면 투입된 공사비 대비 훌륭한 성능이라고 감히 단언한다. 비록 평당 건축비가 훨씬 높은 패시브하우스에는 못 미치지만 말이다.

그렇다면, 소음 전달 정도는?

많은 사람들이 가지고 있는 조립식주택에 대한 잘못된 선입관 중에 하나가 소음에 취약하다는 점이다.

외벽은 중간에 공기층도 있고 벽 두께가 20㎝라 외기의 소음이 내부로 전달되는 우려는 적었다. 문제는 내벽체로 10㎝ 패널을 사용했기 때문에 보통 20㎝ 정도인 아파트 콘크리트벽에 비해 소음 전달이 잘 될 것으로 예상되었다.

내벽을 보다 두꺼운 패널로 시공하면 당연히 소음은 줄일 수 있다. 하지만 충주 집에는 평소 부모님만 생활하시기 때문에 크게 문제되지 않을 것으로 판단해 10㎝ 패널을 사용했다.

소음 전달 역시 소음계를 별도로 구입해 측정해 보았다. 욕실 내부에서의 소음이 벽을 면하고 있는 옆방에 실제 얼마나 전달되는지 알고 싶었다. 소음원은 흔히 사용하는 드라이기로 하고, 욕실 내부와 옆방의 소음 전달 정도를 측정하였다. 아울러 비교 대상이 필요한 만큼 필자가 거주하는 아파트에서도 동일하게 측정해 비교해 보았다.

dB	장소 및 상황
30	심야의 교외
40	도서관 열람실, 조용한 주택가
50	조용한 사무실
60	평상시 대화
70	전화벨소리, 시끄러운 사무실
80	지하철 소음
90	공장에서의 소음
100	열차 통과 시 소음
110	자동차 경적
120	고통을 주는 소리세기

dB별 소음 상황

일정한 크기의 소음을 내는 소음원인 드라이기를 약과 강 2단계로 나누어 측정했다. 필자가 살고 있는 아파트는 물론 충주 조립식주택 모두 평소 욕실 내부에선 35dB 정도를 유지했다. 욕실 내부에서 드라이기를 약하게 켰을 때 73dB, 강하게 켰을 때는 81dB의 소음이 발생했다.

이번에는 아파트와 충주 집 모두 욕실에서 소음을 발생시키고 그 옆방에서 전달 정도를 측정해 보았다. 소음원이 70dB(**전화벨 소리**)일 경우 각각 36.6dB과 36.9dB로 미세한 차이를 보였다. 반면 소음원이 80dB(**지하철 소음**)일 때는 각각

36.9dB과 39.5dB로 약 3dB 정도 차이를 보였다.

로그함수인 dB을 풀어서 소리의 크기를 가늠해보면 약한 소음에서는 소음에 별 차이가 없고, 큰 소음에서는 두 배 정도의 차가 생기는 것으로 나타났다. 이는 아파트 벽이 조립식주택 벽 두께에 비해 두 배 정도 두꺼운 것을 감안할 때, 조립식주택이 결코 소음 전달이 높다고 판단하기는 어려운 것이다.

측정 결과를 종합해보니

1년 동안의 유류비와 실내의 온도 측정에 비추어 볼 때 조립식 이중벽체 주택의 성능은 만족할 만하다. 소음에 대한 측정치는 벽 두께가 일반 아파트의 반 밖에 안 되기 때문에 당연한 결과라고 생각된다. 다만, 일체형으로 타설하는 콘크리트주택과 달리 조립식주택은 바닥과 천장 사이에 내벽을 끼워 넣는 방식이기 때문에 상하부의 틈을 최대한 차단해야 소음 전달을 막을 수 있다.

37
집을 가꾸며 느끼는 소소한 행복

이사 후, 어느 정도 짐정리를 마치고 이웃들과 친지들을 모시고 조촐하게 집들이를 했다.

아버지께선 여전히 집 가꾸기에 상당히 열심이셨다. 우선, 실내에 커튼을 달았다. 커튼박스를 따로 만들지 않고 몰딩을 벽체에서 띄워 시공한 부분에 봉을 이용해 커튼을 달았다. 실제 달아놓고 보니 커튼박스 못지 않을 정도로 만족스러웠다. 암막커튼은 아니지만 비교적 두꺼운 커튼을 달아 여름철 햇빛을 차단할 수 있도록 하였다.

커튼 달기

마당 꾸미기의 시작, 주차공간

마당 조성은 특히 신경이 많이 쓰였다. 무비용 혹은 최소한의 비용으로 제대로 된 마당을 갖추기로 아버지와 생각을 같이 했다. 물론 비용을 들인다면 외부공간을 얼마든지 아기자기하고 예쁘게 꾸밀 수 있을 것이다. 그보다는 어설프고 뭔가 부족하더라도 스스로 가꾸고 만들어가는 것이 의미 있고, 집에 대한 애착을 더 크게 할 것이다. 솔직히 그럴 듯한 마당을 꾸밀만한 여유도 없는 상태였다.

마당에서 첫 번째 작업은 주차장이었다. 초기에는 주차 구획을 콘크리트로 포장하거나 재생골재로 포설하는 방법을 구상했다. 그런데 왠지 시골 분위기에는 어울리지 않을 듯했고, 가족들도 삭막해 보일 거라며 반대했다. 생각을 바꿔 보도블록 중간 중간에 잔디를 심을 수 있는 잔디블록이나 강도가 단단한 황토포장도 검토해 봤지만 비용이 만만치 않았다.

공사 초기부터 아버지께선 성토한 마당 흙에서 긁개를 가지고 돌을 골라내는 작업을 꾸준히 해 오셨다. 꽤나 많은 다양한 크기의 돌을 어떻게 처리할지 고민하던 차에 좋은 생각이 나셨나보다. 골라낸 돌들을 대문 앞 주차장 자리에 모으기 시작하셨다. 큰 돌들도 아니고 강도가 그다지 세지 않아 망치로 깨면 적당한 크기로 부서졌다. 그 돌들을 가지고 주차장 바닥에 고르게 까셨다. 아버지께서 오랜 시간 공을 들인 덕분에 미관도 해치지 않는 번듯한 주차장이 탄생하였다.

주차장 만들기

주차장을 지나 현관 앞마당 건너까지는 흙을 묻히지 않고 걸어올 수 있도록 주차장과 같은 방법으로 골라낸 돌들을 깔았다.

주차장과 연결된 길

홈메이드 디딤돌

돌길은 현관 앞마당 건너 맨홀 앞에서 그친다. 그 이후부터는 디딤돌을 밟고 데크로 진입하게 된다. 디딤돌 역시도 공사 후 남은 시멘트와 모래를 이용해 직접 만들었다. 공사 후 버려진 자재통으로 일단 원형 틀을 갖췄다. 시멘트와 모래, 물을 적당히 배합한 모르타르 반죽을 원형 틀에 부어 양생하고, 채 굳기 전에 미끄럼 방지를 위해 표면을 긁어 요철도 형성하였다.

틀로 활용한 폐자재통

시멘트 모르타르로 만든 디딤돌

디딤돌 배치에도 아이디어를 담았다. 현관 앞 데크 계단까지 오르기 위해선 주차장에서 우수배수 맨홀을 거친다. 신발에 묻은 흙을 맨홀 위 트렌치에서 털고, 데크에 진입할 수 있도록 디딤돌을 놓았다. 깔끔하신 아버지의 성품과 센스가 엿보이는 대목이다.

배수 맨홀에서 데크 계단으로 연결되는 디딤돌 · 데크 우측 계단으로 진입하는 디딤돌

데크 우측 계단으로의 진입은 주차장에서 바로 디딤돌을 지나 데크 계단으로 올라서는 방식으로 만들었다.

이렇게 그럭저럭 마당도 자리가 잡혔다. 아버지께서 고생하신 덕분에 비용도 거의 들이지 않고서 말이다.

텃밭 구획 정리 작업

다음으로 텃밭을 구획하였다. 물론 이 작업도 아버지께서 소매를 걷어붙이셨는데, 인근 자재상에서 점토벽돌과 시멘트벽돌을 사다가 경계석으로 삼았다. 건물 우측은 점토벽돌을 이용해 텃밭을 나눴다. 반대편인 건물 좌측에는 기존 철망 담장을 타고 오르도록 호박, 오이 등을 심을 계획이다. 역시 시멘트벽돌을 담장을 따라 길게 늘어놓아 텃밭을 구분지었다.

건물 우측 텃밭 구획

건물 우측에 구획된 텃밭 모습

건물 좌측에 텃밭 구획 작업 중이신 아버지

나무와 잔디를 심기 전, 건물 우수배관에서 내려오는 우수를 지중화하는 공사도 이어졌다. 꼭 필요한 작업은 아니었지만, 비온 후 바닥에 물길이 생기는 게 보기 싫으셨던 모양이다. 각 우수배수관 하부에 홈통을 대고 50mm 파이프에 구배를 형성해 바닥에 매립하고 우수맨홀에 연결하였다.

우수 지중화 작업

우수 지중화공사를 마친 다음에야 나무와 잔디를 심었다. 충주시에 5일장이 서던 날 연산홍, 소나무, 회양목, 측백나무, 매실나무 등 작은 묘목을 구해다 적당한 위치에 배치하였다.

조경수 식재

마당을 빼곡하게 채운 잔디와 농작물

주말을 이용해 아버지께서 잔디를 심고 계신다고 하여 도와드리러 내려갔다. 군데군데 나무도 자리 잡고, 잔디가 심겨진 걸 보니 집이 이전과는 또 다른 느낌으로 다가왔다. 잔디를 마지막으로 일차적인 마당 가꾸기는 끝난 셈이다. 더 필요한 부분이나 나무는 살아가면서 그때그때 선택해 심기로 했다.

잔디를 직접 심고 계신 아버지

잔디를 심은 후

텃밭 가꾸기

잔디를 마지막으로 마당에서 텃밭으로 관심이 옮겨졌다. 겨울에 심어놓은 마늘 싹이 하나둘 올라오고 있었고 감자, 고추 등도 더 풍성해졌다.

텃밭 가꾸기와 더불어 아버지께선 손자, 손녀들을 위해 자투리 공간에 남아 있던 목재와 패널을 이용해 작은 닭장도 직접 만드셨다. 우리집 꼬마는 충주 집에 내려 갈 때면 닭들이 잘 있는지부터 먼저 살펴본다. 그 후 몇 달이 지난 뒤로는 닭이 알도 낳기 시작했다.

닭장과 달걀

텃밭에 심어놓은 작물들이 하루가 다르게 훌쩍 자랐다. 일부는 벌써 수확도 하였고, 마당에 듬성듬성 깔았던 잔디는 어느새 사방으로 퍼지면서 마당을 빼곡하게 메워나갔다.

텃밭 및 잔디

부모님은 텃밭에서 마늘, 감자, 옥수수, 호박, 깻잎, 고추, 상추, 고구마 등을 솎아내 유기농 건강밥상을 차려 드시는 재미에 여념이 없으셨다. 아울러 자식들에게 수확물을 챙겨주시는 기쁨 또한 덤으로 얻으셨다.

아이들 역시 수시로 텃밭을 드나들며 빨갛게 익은 토마토를 따느라 정신이 없었다. 마당에서 실컷 뛰어놀며, 할아버지와 함께 유기농 농산물들을 수확하는 기쁨도 몸으로 체험하게 되었다. 수시로 출몰하는 개구리와 달팽이를 책이 아닌 실제로 보면서 그야말로 살아 있는 교육도 받고 있다.

아이들에게 할아버지, 할머니 집은 추억을 만들고 간직하며 자라는 곳으로 자리 잡았다. 필자 역시 집사람과 아이들에게 멋진 주말주택을 만들어 주고 싶은, 또 다른 꿈을 꾸게 하는 계기가 되었다.

충주집에서의 즐거운 한때

38
집짓기, 마침표를 찍다

막상 집을 다 짓고 나니 후련하면서도 한편으론 허탈함도 밀려왔다. 그럴수록 뭔가 의미 있는 마무리를 짓고 싶은 마음이 불현듯 들었다.

우연하게 앨범을 보면서 아주 오래된 사진 한 장을 발견했다. 필자가 태어나기도 전, 아버지께서 운영하셨던 공업사 앞에서 어머니와 누나 그리고 형이 함께 찍은 사진이었다. 공업사 창문에 붙어 있는 영화포스터를 단서로 개봉날짜를 가늠해보니 1975년 9월말 경으로 보인다. 누나가 두 돌, 형이 백일쯤 되었을 때이다.

어머니 말씀으로는 공업사 이름은 부모님의 함자에서 한 글자씩 따서 지으셨단다. 아버지는 충주에서 공업사를 운영하시며 한때 호황기를 누리시기도 하셨지만, 아쉽게도 오랫동안 지속하지 못하고 정리하셨던 안타까운 사연이 있다. 그리곤 형편이 여의치 않아지자, 당시 섬유산업이 한창이던 경북 구미로 이사를 가게 된 것이다.

그 순간 사진 속에 뚜렷하게 남은 '대명'이란 상호가 눈에서 가시질 않았다. 한참을 쳐다보다가 이름을 되살릴 수 있는 좋은 생각이 떠올랐다. 그 부활의 의미로 이 집을 '대명주택' 이라고 명명할 수 있도록 현판을 걸어드리기로 작정했다.

친지들까지 모인 조촐한 집들이 날, 미리 제작해 놓은 명패를 가지고 충주로 내려갔다. 잔치 분위기가 무르익어갈 즈음, 필자는 오래된 사진과 새로 만든 현판을 들고 그 의미를 모두에게 설명했다. 대명공업사의 존재를 알고 계신 친지분들은 모두 환하게 웃으며 공감하셨다. 그렇게 대명이라는 이름은 부모님의 집에서 재탄생하였고, 또한 집에 대한 필자의 마음도 그와 함께 갈무리되었다.

끝으로 이 집이 지어질 수 있게 해 준, 필자에게 새로운 꿈을 안겨 준 아내에게 고맙고 사랑한다는 말을 전하고 싶다.

대명공업사 사진

명패 및 현판식

건축 후기 01
조립식주택의 화재 안전성

○ 조립식주택에 대해 많은 사람들이 가지고 있는 부정적인 인식 중 하나는 화재에 취약하다는 점이다. 가끔 텔레비전에서 조립식주택이나 공장에 화재로 인해 인명과 재산 피해가 발생했다는 보도를 접하곤 한다.

정확하게 짚어보면 조립식주택이 화재에 취약한 것이 아니다. 조립식주택의 자재 중 샌드위치패널, 그 중에서도 특히 EPS패널[발포 폴리스티렌 단열재(스티로폼)를 사용한 패널]이 화재에 취약한 것이다. EPS패널 내의 발포폴리스티렌 단열재는 열가소성으로 불이 붙으면 녹고, 그 과정에서 가연성 방울을 생성해 화염 확산이 빠른 편이다. 이 말은 불이 붙었을 때 그렇다는 것이지, '불이 잘 일어난다'는 의미와는 엄연히 다른 이야기다.

그렇다면 왜 조립식주택이 화재 안전성이 떨어진다고 여겨지는 것일까? 초기의 조립식주택은 아주 저가형으로 내·외장재도 시공하지 않고 단열과 비바람을 피할 수 있을 정도로만 지어졌다. 물론 전기공사에는 전선을 감싸는 배관도
○ 없었을 뿐만 아니라 누전차단기조차 변변하지 않았다. 사전에 철저한 계획 없이 그때그때 필요에 의해 전선을 노출해서 시공하면 누전으로 인해 쉽게 불꽃
○ 이 발생한다.

발생된 스파크(불꽃)가 발포폴리스티렌 단열재에 옮겨 붙으면 화재는 순식간에 확산되어 큰 피해가 날 수밖에 없다. 스파크에 의한 화재가 아니더라도 실내에서 발화된 화재는 내·외장재가 시공되어 있지 않아 발포폴리스티렌 단열재에 옮겨 붙기 쉬운 구조였다.

화재 안전성, 어떻게 시공되어야 하는가?

앞에서도 이야기했듯이 샌드위치패널 중 발포폴리스티렌 단열재를 사용한 EPS패널에 불이 붙었을 때 화염 확산이 빠른 점이 문제라면, EPS패널에 불이 붙지 않도록 시공하면 된다. 전기공사는 구역 및 전등, 전열을 나누어 누전차단기를 설치해 누전에 의한 스파크를 차단해야 한다. 또한 전선배선 시에는 CD관(PVC 가요전선관, 여기서 '가요성'은 휘어짐이 좋다는 뜻)을 사용해 스파크가 발생하더라도 단열재에 영향을 주지 않도록 해야 한다.

실내에는 석고보드를 반드시 시공해야 한다. 혹여 안에서 화재가 발생하더라

도 석고보드로 인해 단열재에 전이되는 것을 방지하거나 시간을 지연시킬 수 있다. 외장재도 벽돌이나 시멘트사이딩 등으로 외부를 마감해 EPS패널이 직접 노출되지 않도록 시공하면 다른 구조 형식의 주택보다 화재에 취약할 이유가 없다.

특히 최근에는 EPS패널도 화재 확산 방지를 위해 난연제를 첨가하여 생산하고 있고 글라스울패널, 우레탄패널 등 화재 확산의 단점을 줄인 조립식패널들도 속속 생산되고 있어 선택의 폭이 넓어지고 있다.

처음에 언급했던 조립식주택 화재에 관련된 기사들을 다시 보니 의아한 공통점이 있다. 거의 대부분 "원인 미상의 화재가 발생하여…"라는 멘트로 기사가 시작된다는 점이다. 조립식주택이기 때문에 불이 난 게 아니라 불이 난 집이 조립식주택이었을 뿐이다.

건축 후기 02
집짓고 나서 아쉬운 점

2011년은 잊을 수 없는 한해였다. 생각지도 않았던 집짓기에 뛰어들어 정신없는 시간을 보냈다. 어찌되었든 집 한 채 짓는 일은 끝났지만, 집 짓는 방법에 대한 고민은 여전히 남아 있다. 그 연장선상에서 필자는 집을 보다 잘 짓는 방법을 찾는 것에 몰두하고 있다. 충주 집을 지으면서 겪었던 시행착오는 물론 나아가 '적은 예산에서 보다 효과를 높일 수 있는 부분은 무엇일까' 하는 명제를 풀고자 노력할 생각이다. 우선, 충주 집을 짓고 나서 아쉬웠던 점들을 모아봤다.

1 창호 크기가 크다

설계를 진행하면서 집 모양과 어울릴만한 창호 크기를 선택하다보니 집 규모에 비해 창호가 커지고 말았다. 설계 단계부터 창호 크기를 정확히 설정해 채광 및 환기에 필요한 최소 크기로 계획한다면, 열손실을 보다 줄이고 단열효과를 높이는 데도 도움이 될 것이다.

2 외벽 및 천장패널의 두께 증가

단열효과를 향상시키는 방법 중 가장 좋은 방법은 단열재 성능 및 두께를 증가시키는 방법이다. 그렇다고 가격을 고려하지 않은 채 무작정 고가 제품을 선택해 시공한다면 조립식주택을 선택한 의미가 없어진다.

조립식주택의 주요 자재인 샌드위치패널은 두께가 두 배 증가한다고 하여 가격도 두 배 증가되지는 않는다. 실제 100T패널에서 150T패널로 변경해 시공하더라도 자재비가 50% 이상 증가하는 것이 아니라 10~20% 정도만 늘어날 뿐이다. 이를 감안해 외벽패널과 천장패널의 두께를 적절히 늘렸다면 비용 증가를 최소화하면서 단열성능을 더욱 향상시킬 수 있었을 것이다.

3 바닥단열재 두께 보강

1년 동안 생활해보니 난방을 안 하는 시간에도 실내공기는 차갑게 느껴지지 않았다. 문제는 바닥이 차게 느껴지는 때가 있다는 점이다.

바닥에서 올라오는 냉기를 차단하기 위해 비드법 보온판 1호 50T를 깔았지만 두께가 부족했던 것으로 판단된다. 만약 두께를 100T 정도로 높였다면 그와 같은 현상은 차단할 수 있으리라 생각된다. 집 크기만큼만 수량이 추가로 필요하므로 자재비에 대한 부담도 그다지 많지 않다.

4 칸막이벽(내벽) 두께의 증가

벽두께 100T와 비교대상인 200T의 철근콘크리트 아파트의 소음 측정을 비교해보면 작은 소음에서는 별반 차이가 없었지만 큰 소음에서는 두 배 정도 소음 전달이 잘 되었다. 칸막이벽을 200T로 증가하면 충분히 보완이 가능할 것으로 보인다.

5 전면 데크는 그다지 실용적이지 않다

전면의 데크는 집 전체 이미지에 영향을 미치긴 하지만 실질적으로 많이 활용되지는 않는다. 상대적으로 햇볕을 피할 수 있는 뒷마당에서의 외부활동이 더 잦았다. 설계 단계에서 뒷마당을 효율적으로 활용할 수 있도록 사전 검토한 후 데크를 설치하는 것이 더욱 활용도를 높일 것으로 보인다.

6 다용도실에 난방배관 설치는 금물

실내는 화장실과 다용도실을 포함해 모두 난방배관을 하였다. 그 결과 실내는 따뜻했으나, 실제 어머니는 음식물을 다용도실에 보관하지 못하고 밖에 내놓으시느라 주방 동선이 다소 불편해졌다.

7 현관문을 세게 닫을 시에 울림현상

입주 초기에는 도어를 세게 닫으면 울림현상이 뒤를 이었다. 도어 클로저를 조정하면서 울림현상은 사라졌지만, 현관문을 골조에 고정하지 않고 패널에 고정시켜 나타난 현상으로 분석된다.

경량철골조 작업 시 현관문 고정을 위한 컬러각관을 추가 설치해 현관문을 고정하면 울림현상을 완화할 수 있을 것이다.

앞에서 열거한 몇 가지 사항을 보완한다면 더욱 훌륭한 집이 되지 않을까 하는 생각에서 아쉬운 점을 꼽아 보았다. 여기에 미처 필자가 경험하지 못한 상황이나 잘못된 부분들까지 여러 사람들에 의해 보완되어 조립식주택의 발전에 도움이 되었으면 하는 바람이다.

또 다른 꿈을 품게 되었다. 훗날 집사람과 아들, 딸에게 주말에 여가 활동을 하면서 마음껏 뛰어놀 수 있는 주말주택을 선물해 주는 것이다. 물론 당장은 힘들겠지만, 이제는 꿈꿀 수 있다!